W0256468

Leitfaden für den Unterricht

in der

Stereometrie

mit den Elementen der

Projektionslehre.

Von

Dr. Carl Gusserow,

Oberlehrer am Dorotheenstädtischen Realgymnasium in Berlin.

Mit 45 in den Text gedruckten Figuren.

Springer-Verlag Berlin Heidelberg GmbH 1885

ISBN 978-3-662-31985-7   ISBN 978-3-662-32812-5 (eBook)
DOI 10.1007/978-3-662-32812-5

Vorrede.

Bei dem Übergange von den Vorstellungen in der Ebene auf solche im Raume ist es rationeller, erst zwei Ebenen — und zwar auch diese erst nach einander und dann gleichzeitig — ferner mehrere Ebenen nach einander und dann erst gleichzeitig der Betrachtung zu unterziehen, statt, wie es meist zu geschehen pflegt (z. B. bei dem Satze vom Lot auf einer Ebene), gleich anfangs mehrere Ebenen in einer Vorstellung zu vereinigen. Diesem plötzlich gesteigerten Anspruch pflegt in der Regel auch das Vorstellungsvermögen der Schüler nicht sofort gewachsen zu sein, so dass räumliche Anschauungen häufig Schwierigkeiten finden, welche in der Natur der Sache gar nicht begründet sind.

In vorliegendem Leitfaden habe ich einen solchen allmählichen Übergang dadurch zu erzielen versucht, dass ich von vornherein den Projektionsbegriff nicht nur eingeführt, sondern auch mit ihm gearbeitet habe. Ausserdem aber glaube ich damit noch zwei andere Vorteile erreicht zu haben, von denen ich hoffe, dass sie auch von anderer Seite als solche anerkannt werden mögen. Erstens gestattet das Vertrautsein des Schülers mit den Vorstellungen: Grundebene, projizierende Ebene u. dgl. häufig eine so abgekürzte Darstellung, wie sie anderweitig nicht zu ermöglichen wäre. Es erklärt sich hieraus auch der Umstand, dass verhältnissmässig wenig Figuren zur Erläuterung erforderlich waren. Von der Ansicht nämlich ausgehend, dass man einfache Figuren in einer Ebene, deren Stellung zur Grundebene genau präzisiert ist, dem Vorstellungsvermögen des Schülers überlassen muss, wenn man ihm nicht Eselsbrücken bauen will, habe ich Figuren erst gegeben, wenn mehrere Ebenen in Beziehung zu einander gebracht wurden oder ebene Figuren nicht mehr einfach genug erschienen, um ohne äussere Mittel schnell und leicht in der Vorstellung erzeugt werden zu können. Einen zweiten Vorzug finde ich darin, dass bei Benutzung dieses Leitfadens der Unterricht in der Stereometrie mit dem in der Projektionslehre und dem Projektionszeichnen in stete Beziehung gebracht werden kann. Wie belebend nun beide Unterrichtsgegenstände auf einander einzuwirken im stande sind, wird nur derjenige voll ermessen, welcher dieselben gleichzeitig in derselben Klasse unterrichtet hat. Gewöhnlich aber liegen beide Unterrichtsgegenstände in verschiedenen Händen und werden von so verschiedenen Gesichtspunkten aus gehandhabt, dass, wenn sie nicht sogar einander stören, mindestens doch ihre gegenseitige Befruchtung vollständig verloren geht. Um einem solchen Verluste vorzubeugen, ist es nun nicht notwendig gewesen, das Projektionszeichnen als wesentlichen Bestandteil dieses Lehrganges aufzufassen; im Gegenteil ist auf dasselbe nirgends näher eingegangen, sondern nur mehrfach Gelegenheit gegeben, es zur Ergänzung heranzuziehen. Ebensowenig man also in diesem Leitfaden ein Lehrbuch der Projektionslehre erwarten möge, ebensowenig befürchte man, dass es nur in Verbindung mit dem Reissbrett zu gebrauchen wäre.

Hiervon abgesehen bin ich der üblichen Anordnung und Behandlung des Stoffes bis auf unwesentliche Aenderungen, die ich für kleine Verbesserungen halte, gefolgt. Im § 16 sind die wichtigsten von den bei Betrachtung der Körper erforderlichen Definitionen zusammengestellt. Doch folgt hieraus nicht, dass derselbe nun auch für sich vor den anderen durchgearbeitet werden soll; er kann vielmehr, ebenso wie die §§ 17—19 über die Vergleichung der Körper, mit den §§ 20 und 21 über deren Inhaltsermittelung gemeinsam durchgenommen werden. Die Betrachtung der regelmässigen Körper habe ich in den Anhang verlegt, damit dieselben nach Belieben des Lehrers an passender Stelle eingeschoben werden können.

Die Inhaltsermittlung der Körper habe ich der Kürze wegen auf den Cavalerischen Satz gestützt und hoffe, dass der beigebrachte Beweis als ausreichend erachtet werden möge. Für diejenigen, denen er nicht genügen sollte, habe ich das Pyramidenproblem in Anhang I in anderer, wie ich glaube neuer Fassung und Lösung, dargestellt und diese Darstellung so eingerichtet, dass sie ohne Schwierigkeit an die Stelle des § 17 treten kann. Zu dem Beweis des Cavalerischen Satzes habe ich mich eines planimetrischen bedient, dessen Ableitung sich nicht in den Lehrbüchern findet und deshalb ebenfalls im Anhang*) gegeben werden musste. Ich mochte ihn nicht, wie wohl möglich, unterdrücken, weil ich die Methode, eine Schlussfolge in ihrer Allgemeingültigkeit, durch Zeichnung zum Ausdruck zu bringen, für ganz besonders bildend halte. Das Kürzeste bleibt freilich immer, den Cavalerischen Satz als Grundsatz zu behandeln und sich mit der Überzeugung von seiner Richtigkeit zu begnügen.

Abweichend von dem Üblichen bin ich sofort vom vollständigen Prisma auf das schiefabgeschnittene dreiseitige und das Prismatoid übergegangen und habe nur in Rücksicht auf das Hergebrachte die drei Folgerungen in betreff der Pyramide dem § 17 angefügt. Im wesentlichen ist der Lehrgang folgender: das dreiseitige Prisma mit dem Inhalt Gh wird geteilt in die Pyramide $\frac{1}{3} Gh$ und den Keil $\frac{2}{3} Gh$; wird nun ein Prismatoid auf seine Grundfläche projiziert, so teilen die projizierenden Ebenen dasselbe 1) in ein Prisma, 2) in so viel Pyramiden, wie Grundkanten, und 3) in so viel Keile, wie Deckkanten vorhanden sind.

Ferner ist die Halbkugel, Fig. 18, gleich einem solchen Keil, und ebenso das Klostergewölbe.

Die Kugel und ihre Teile habe ich im § 26 für sich behandelt und nicht zusammen mit den anderen Körpern, §§ 27—29, deren Parallelschnitte inhaltlich durch eine Funk-

---

*) In anderer Weise: Crelle J. 1833. Vergl. Baltzer, Elemente der Mathematik. Viertes Buch, § 9.

tion zweiten Grades ihrer Schnitthöhe bestimmt werden, teils um sie gewissermassen als Vorübung für diese §§ zu benutzen, teils um sie von diesen unabhängig durchnehmen zu können. Will man letztere aber ganz ausscheiden, so kann man noch das Klostergewölbe über einem Rechteck und somit auch das Kreuzgewölbe nach § 26, Fig. 18 vorweg nehmen. Ueberhaupt beachte man, dass alle bis hierher mit einem † versehenen Paragraphen oder durch kleineren Druck ausgezeichneten Stellen unbeschadet des Verständnisses bei einer ersten Durcharbeitung des Stoffes übergangen werden können.

Die von mir § 18 gegebene Formel für den Inhalt des Prismatoids halte ich für einfacher, sowohl in der Ableitung wie im Gebrauch, als die bisher übliche, vergl. § 19. Es ist nämlich für die Formel in § 18 die Figur $D + O$ zu berechnen, d. h. eine Figur, die aus jeder Projektion des Prismatoids auf seine Grundfläche durch Weglassung der Grundkanten entsteht, und deren Eck-Koordinaten durch die Projektion gegeben sind, während dieselben für H, in § 19, erst aus jenen berechnet werden müssen, und H selbst erst konstruiert werden muss. — Für die bekannten aber seltener gebrauchten Formeln $4d$ und e in § 20 habe ich in § 24 Verwendungen angegeben, von denen ich auf die Vereinfachung der Simpsonschen Regel aufmerksam mache. Besonders einfach gestaltet sich die Formel § 23 teils für Aufmessungen, teils für die Bestimmung des Schwerpunktes eines Prismatoids.

Der Behandlung des Schwerpunktes habe ich in § 30 u. ff. ausgiebigen Raum gewährt, weniger in der Ansicht, dass sie dem Schüler notwendigerweise in dieser Ausführlichkeit gegeben werden müsste, als, weil überhaupt eine elementare Darstellung dieses Abschnittes der Stereometrie zu fehlen scheint, ein Behelf mit den ungenauen Definitionen der Experimental-Physik aber unstatthaft ist. Die Formel für die Schwerpunktsbestimmung eines beliebigen Polyeders (§ 31, 12) ist unschwer zu verstehen, auch die anderen Schwerpunktsbestimmungen, die Guldinsche Regel, die Complanation von Cylinderhufen und von Oberflächen zweiten Grades werden vorgeschrittenen Schülern stets willkommene Beispiele für die Repetition sein, wenn sie teilweis auch über das Pensum eines Realgymnasiums oder einer technischen Fachschule hinaus gehen. Die Leibung des Kloster- und des Kreuzgewölbes ohne Schwerpunktsbetrachtung zu ermitteln, wird die Andeutung in der Anmerkung S. 80 ausreichen.

Indem ich nun vorliegenden Leitfaden, für dessen zweckentsprechende Ausstattung der Herr Verleger gesorgt hat, einer wohlwollenden Beachtung der geehrten Fachkollegen unterbreite, kann ich die Bitte nicht unterdrücken, Abweichungen von dem Gewohnten, welche mit der befolgten Methode zusammenhängen, von denen zu unterscheiden, welche ich aus anderen Gründen vorgeschlagen habe; vielleicht erwerben sich die einen oder die anderen Freunde, wenn sie in ihrer Gesamtheit die gehoffte Zustimmung nicht finden sollten.

Eine besondere Aufgabensammlung habe ich nicht angefügt, teils weil deren genug vorhanden sind, teils weil in den einzelnen Paragraphen vielfach Veranlassung genommen ist, auf Aufgaben und Bildung von solchen hinzuweisen, soweit sich dieselben unmittelbar aus dem Vorgetragenen ergeben.

Meinen verehrten Herren Kollegen, dem Herrn Professor Thurein, Dr. Levy und Dr. Lüpke spreche ich an dieser Stelle meinen aufrichtigen Dank aus für die schätzenswerte Hülfe, welche sie mir mit Rat und That haben angedeihen lassen.

Berlin, im Dezember 1884.

Dr. Carl Gusserow.

Inhalt.

Anhang.

I. Einleitung.

§ 1.

Grundsatz 1. Hat eine Gerade zwei Punkte mit einer Ebene gemeinsam, so liegt sie ganz in derselben, d. h. jeder Punkt der Geraden ist auch ein Punkt der Ebene.

Folgerung. Haben zwei Ebenen zwei Punkte gemeinsam, so haben sie auch die durch diese zwei Punkte bestimmte Gerade gemeinsam.

Erklärung. Eine Gerade, welche in zwei Ebenen, die nicht zusammenfallen, liegt, heisst Durchschnitt der beiden Ebenen.

Grundsatz 2. Haben zwei Ebenen einen Punkt gemeinsam, so schneiden sie sich in einer Geraden, welche durch diesen Punkt geht, oder fallen zusammen.

Forderung. Eine Ebene so zu legen, dass sie drei gegebene Punkte enthält, auch wenn diese nicht in einer Geraden liegen.

§ 2.

Lehrsatz. Haben zwei Ebenen drei Punkte, welche nicht in einer Geraden liegen, gemeinsam, so fallen sie zusammen; d. h. jeder Punkt der einen ist auch ein Punkt der anderen.

Beweis. Durch die drei Punkte, welche den beiden Ebenen gemeinsam sind, werden drei Geraden bestimmt, welche ganz in jeder der beiden Ebenen liegen (§ 1, Grds. 1). Durch einen beliebigen Punkt der einen Ebene lege man in dieser eine Gerade so, dass sie zwei von den gemeinsamen Geraden in je einem Punkte schneidet, was stets möglich ist. Diese beiden Punkte liegen aber als Punkte der gemeinsamen Geraden in beiden Ebenen, also auch (§ 1, Grds. 1) die gezogenen Geraden, mithin auch der beliebig angenommene Punkt.

Folgerung 1. Durch drei Punkte, welche nicht in einer

Geraden liegen, also auch durch eine Gerade und einen Punkt ausserhalb derselben, ist eine Ebene vollständig bestimmt.

Folgerung 2. Durch eine Gerade sind beliebig viele Ebenen möglich. § 1 Forderung. Vergl. § 3, Erkl. 1. Anm.

Folgerung 3. Zwei Geraden, welche sich schneiden, liegen stets in einer Ebene und bestimmen diese vollständig.

Folgerung 4. Durch zwei parallele Geraden ist eine Ebene vollständig bestimmt.

Denn: Zwei Parallelen liegen stets in einer Ebene.

Zusatz 1. Zwei Geraden, welche nicht parallel sind und sich nicht schneiden, können nicht in derselben Ebene liegen. Beweis indirekt.

Erklärung 1. Zwei Geraden, welche nicht parallel sind und sich nicht schneiden, heissen sich kreuzende Geraden oder Paralleloiden.

Zusatz 2. Zwei Ebenen fallen entweder zusammen, oder sie schneiden sich in einer Geraden, oder sie haben keinen Punkt gemeinsam.

Hätten die beiden Ebenen nur einen gemeinsamen Punkt, so könnte man durch diesen in jeder eine Gerade ziehen. Diese beiden Geraden hätten dann einen Punkt gemeinsam ohne sich zu schneiden.

Erklärung 2. Zwei Ebenen, welche keinen Punkt gemeinsam haben, heissen parallele Ebenen.

II. Die Stellung der Geraden zur Ebene.

§ 3.

Erklärung 1. Von einer Geraden, welche mit einer Ebene nur einen Punkt gemeinsam hat, sagt man: sie schneidet die Ebene.

Anmerkung. Eine Ebene, welche eine Gerade enthält, heisst durch die Gerade gelegt; eine Ebene, welche eine Gerade schneidet, heisst durch einen Punkt dieser Geraden gelegt.

Erklärung 2. Einen Punkt auf eine Ebene in gegebener Richtung projizieren, heisst: von diesem Punkt auf die Ebene eine sie schneidende Gerade parallel der gegebenen Richtung ziehen. Die Ebene heisst: Projektionsebene oder Grundebene die Gerade von dem Punkte bis zum Durchschnitts-

punkt in der Grundebene Projizierende; der Durchschnittspunkt selbst Projektion*) des gegebenen Punktes.

Erklärung 3. Werden zwei Punkte einer gegebenen Geraden
in gleicher Richtung auf dieselbe Grundebene projiziert, so
heisst die durch beide Projektionen bestimmte Gerade: die
(Parallel-) Projektion der gegebenen Geraden. — Projektion
einer Strecke.

Anmerkung. 1. Jede Gerade kann in jeder Richtung auf
eine Ebene projiziert werden.

2. Ein Punkt der Grundebene fällt für jede Projektionsrichtung mit seiner Projektion zusammen.

3. Alle Projektionen einer Geraden, welche die Grundebene schneidet, schneiden sich und die Gerade in dem
Durchschnittspunkt derselben mit der Grundebene.

4. Wird eine Gerade in ihrer eigenen Richtung auf eine
sie schneidende Grundebene projiziert, so ist ihre Projektion
ein Punkt.

Lehrsatz 1. Werden mehrere Punkte einer Geraden auf
eine Ebene parallel projiziert, so liegen die Projizierenden, die
Gerade und ihre Projektion in einer Ebene, projizierende
Ebene genannt.

Beweis. Zwei beliebige von den Projizierenden bestimmen eine Ebene (§ 2, Folg. 4), in welcher auch die
Projizierte liegt (§ 1, Grunds. 1). Eine Ebene also durch eine
beliebige Dritte von den Projizierenden und eine der beiden
anderen hat diese und die projizierte Gerade mit der ersten
Ebene gemeinsam, fällt daher mit ihr zusammen. § 2,
Lehrs. Mithin hat eine Gerade bei gegebener Grundebene
und Projektionsrichtung nur eine Projektion, welche der
Durchschnitt der projizierenden Ebene mit der Grundebene ist.

Anmerkung. Zwei Geraden, welche in einer Ebene liegen,
(also auch zwei Parallelen), können stets als Projektionen von
einander aufgefasst werden.

Erklärung 4. Werden die Seiten einer Figur in gleicher
Richtung auf dieselbe Grundebene projiziert, so bilden ihre
Projektionen die Projektion der Figur.

Erklärung 5. Werden die Schenkel eines Winkels in
gleicher Richtung auf dieselbe Grundebene projiziert, so bilden
ihre Projektionen die Projektion des Winkels.

Lehrsatz 2. Ist eine Strecke ihrer Projektion parallel, so
ist sie ihr auch gleich; ebenso sind die Projizierenden einander

----

*) Werden Punkte mit A, B, u. s. w. bezeichnet, so sollen mit A_1,
B_1 u. s. w. oder A_2, B_2 u. s. w. stets ihre Projektionen bezeichnet werden.

gleich. Sind die Projizierenden einander gleich, so ist die Strecke ihrer Projektion parallel und gleich.

Folgerung. Sind zwei sich schneidende Geraden ihren Projektionen auf dieselbe Grundebene parallel, so sind sämmtliche (parallele) Projizierende beider Geraden einander gleich.

Nämlich gleich der Projizierenden des Durchschnittspunktes.

Lehrsatz 3. Ein Dreieck ist seiner Projektion kongruent, wenn zwei Seiten ihren Projektionen parallel sind.

Beweis. Die beiden Seiten, welche ihren Projektionen parallel sind, sind ihnen auch gleich; die dritte Seite ist gleich ihrer Projektion, weil die Projizierenden ihrer Endpunkte einander gleich sind.

Folgerung. Ein Winkel ist gleich seiner Projektion, wenn die Schenkel ihren Projektionen parallel sind.

Erklärung 6. Um die Neigung zweier Paralleloiden zu bestimmen, ziehe man von einem beliebigen Punkte zu jeder von ihnen eine Parallele. Der Winkel dieser Parallelen misst die Neigung der beiden Paralleloiden.

§ 4.

Erklärung 1. Eine Gerade, welche mit allen ihren Projektionen auf eine Ebene rechte Winkel bildet, heisst: Perpendikel, Normale, Senkrechte, Lot auf dieser Ebene. Bildet sie mit ihren Projektionen verschiedene Winkel, so ist sie zur Grundebene geneigt.

Erklärung 2. Ist von einem Punkte auf eine (Grund-) Ebene ein Lot gefällt, so heisst dessen Fusspunkt Normalprojektion des ersten Punktes.

Normalprojektion einer Geraden auf eine Ebene heisst die Gerade, welche durch die Normalprojektionen zweier ihrer Punkte bestimmt ist. Es gilt auch § 3, Erkl. 3 Anm. 2.

Normalprojektion eines Winkels heisst der Winkel, welcher von den Normalprojektionen seiner Schenkel gebildet wird.

§ 5.

Lehrsatz 1. Von einem Punkte ist nur ein Lot auf eine Ebene zu fällen möglich. Oder: Ein Punkt hat in jeder Ebene nur eine Normalprojektion.

Beweis. Hätte er zwei, so würde die durch diese bestimmte Gerade eine und die Normalen die beiden anderen Seiten eines Dreiecks mit zwei rechten Winkeln sein.

Lehrsatz 2. Ist die Normalprojektion eines Winkels, von

welchem ein Schenkel in der Grundebene liegt, ein rechter, so ist er selbst ein rechter.

Voraussetzung. Fig. 1. $\angle A_1FB = R$; AA_1 senkrecht auf Ebene A_1FB.

Behauptung. $\angle AFB = R$.

Beweis 1. $\left.\begin{array}{l}\overline{A_1B}^2 = \overline{FB}^2 + \overline{A_1F}^2 \\ \overline{A_1A}^2 = \overline{FA}^2 - \overline{A_1F}^2\end{array}\right\}$ addiert

$$\overline{AB}^2 = \overline{FA}^2 + \overline{FB}^2,\ \text{d. h.}\ \angle AFB = R$$

Fig. 1.

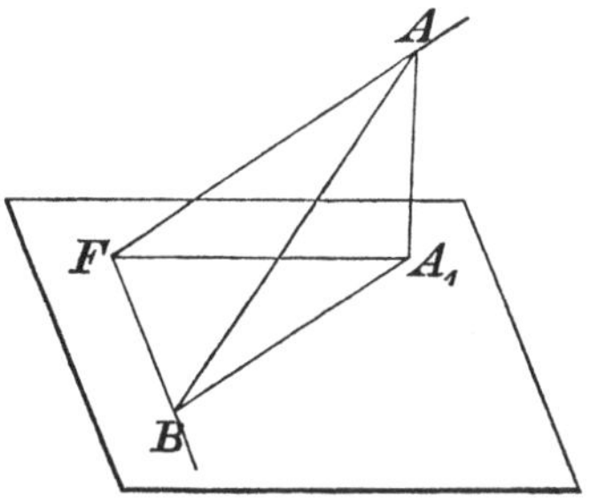

Beweis 2. Ist $FB = A_1A$, so ist $\triangle FA_1A \cong A_1FB$, also $AF = A_1B$, mithin $\triangle AFB \cong BA_1A$ u. s. w.

Beweis 3. Man verlängere BF Fig. 1 über F hinaus um sich selbst bis C und verbinde C mit A und A_1, dann ist $A_1C = A_1B$, und $\triangle ACA_1 \cong ABA_1$, also $AC = AB$ und $\triangle AFC \cong AFB$.

Zusatz 1. Ist die Normalprojektion eines Winkels, von welchem ein Schenkel in der Grundebene liegt, 1) ein spitzer 2) ein stumpfer, so ist der Winkel selbst 1) ein spitzer und grösser 2) ein stumpfer und kleiner als seine Normalprojektion.

Beweis. Man drehe $\triangle AFB$ Fig. 1 so um FB, dass FA in FA_1 fällt, so ergiebt sich $\angle ABF > A_1BF$, da $FA > FA_1$ ist. Es muss also der Nebenwinkel von A_1BF kleiner sein als der von A_1BF.

Folgerung. Liegt der eine Schenkel eines rechten Winkels in der Grundebene, während der andere zu ihr geneigt ist, so ist seine Normalprojektion ebenfalls ein rechter Winkel.

Aufgabe. Von einem Punkte A auf eine Ebene ein Lot zu fällen. Oder: Einen Punkt A auf eine Ebene normal zu projizieren.

Auflösung. Man ziehe in der Grundebene eine beliebige Gerade und fälle von A ein Lot auf diese. Ist Fig. 1 F sein Fusspunkt und FB die Gerade, so errichte man in der Grundebene auf FB in F ein Perpendikel und fälle auf dieses das Lot AA_1. Dann ist AA_1 Lot auf der Ebene A_1FB.

Beweis. Ist A_1B eine beliebige Projektion von AA_1, so ist

$$\left.\begin{array}{l}\overline{FA}^2 = \overline{AA_1}^2 + \overline{A_1F}^2 \\ \overline{FB}^2 = \overline{A_1B}^2 - \overline{A_1F}^2\end{array}\right\}\ \text{addiert}$$

$$\overline{AB}^2 = \overline{A_1A}^2 + \overline{A_1B}^2\ \text{d. h.}\ \angle BA_1A = R.$$

Um zu zeigen, dass AA_1 auch auf einer FB parallelen Projektion senkrecht steht, drehe man die Fig. 1 um AA_1 als Achse. Es muss hierbei nach dem eben bewiesenen A_1F in der Grundebene bleiben, während FB die fragliche Projektion schneidet.

Zusatz 2. Von einem Punkte auf eine Ebene ist stets ein Lot zu fällen möglich.

Der Beweis liegt in vorstehender Konstruktion, welche in jedem Falle ausführbar ist.

§ 6.

Lehrsatz 1. Die Normalprojektion aller Punkte einer zur Grundebene geneigten Geraden liegen in einer Geraden d. h. die geneigte Gerade hat nur eine Normalprojektion.

Beweis. Errichtet man in der Grundebene auf der geneigten Geraden ein Lot, so muss dieses auf allen ihren Normalprojektionen senkrecht stehen (§ 5, Zus. 1, Folg.), d. h. diese Normalprojektionen fallen zusammen.

Folgerung. Die Normalprojektion ist eine Parallelprojektion.

Zusatz 1. Jede zur Grundebene geneigte Gerade bildet mit einer ihrer Projektionen auf die Grundebene — aber nur mit einer — nämlich mit der, welche auf ihrer Normalprojektion senkrecht steht, rechte Winkel.

Beweis indirekt. § 5, Zus. 1, Folg.

Folgerung. Eine Gerade, welche mit zweien ihrer Projektionen auf eine Grundebene rechte Winkel bildet, steht auf dieser senkrecht.

Lehrsatz 2. Alle Lote, welche auf einer Geraden in einem Punkte errichtet sind, liegen in einer Ebene.

Beweis indirekt.

Erklärung 1. Die Ebene, welche alle in einem Punkte auf einer Geraden errichteten Lote enthält, heisst senkrecht zu dieser.

Zusatz 2. Auf einer Geraden in einem ihrer Punkte ist stets eine, aber nur eine, senkrechte Ebene möglich.

Aufgabe 1. Auf einer Geraden in einem ihrer Punkte eine senkrechte Ebene errichten.

Aufgabe 2. Von einem Punkte zu einer Geraden eine senkrechte Ebene legen.

§ 7.

Lehrsatz 1. Auf einer Ebene in einem Punkte ist nur ein Lot zu errichten möglich.

Beweis. Gäbe es zwei, so würde die von diesen Loten bestimmte Ebene die Grundebene in einer Geraden schneiden, welche mit jedem der beiden Lote einen rechten Winkel bildet, während alle drei Geraden in einer Ebene liegen.

Aufgabe. Auf einer Ebene im Punkte A_1 ein Lot errichten.

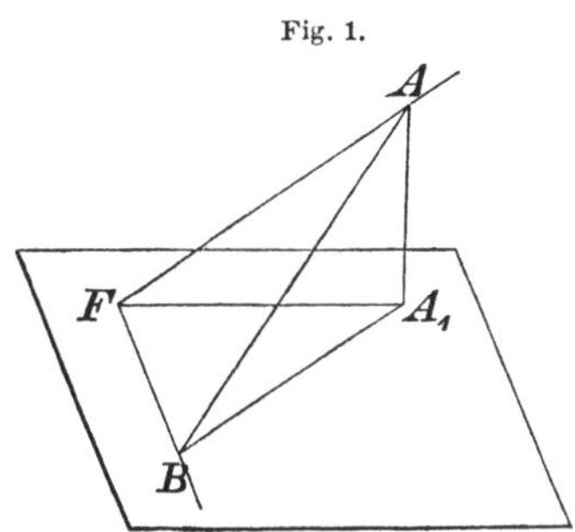

Fig. 1.

Auflösung. Man ziehe in der Grundebene von A_1 aus eine beliebige Gerade A_1F und $FB \perp FA_1$. Auf FB errichte man ein Lot FA, welches mit FA_1 einen spitzen Winkel bildet. Schneidet ein in der Ebene AFA_1 auf FA_1 in A_1 errichtetes Lot FA in A, so steht A_1A senkrecht auf der Ebene A_1FB.

Beweis. A_1 muss die Normalprojektion von A sein. § 5, Zus. 1, Folg. und §. 6, Lehrs. 1.

Zusatz. Auf einer Ebene in einem Punkte ist stets ein Lot zu errichten möglich.

Der Beweis liegt in vorstehender Konstruktion, welche in jedem Falle ausführbar ist.

§ 8.

Lehrsatz 1. Wenn eine von zwei Parallelen auf einer (Grund-) Ebene senkrecht ist, so ist es auch die andere.

Beweis. Schneidet man die beiden Parallelen durch eine zur Grundebene geneigte Gerade — was stets möglich ist — so muss diese und ihre Normalprojektion auf die Grundebene in der Ebene der beiden Parallelen liegen, die zweite Parallele also ebenfalls eine Normalprojizierende dieser Geraden sein.

Lehrsatz 2. Alle Lote auf einer Ebene sind parallel.

Beweis. Wäre eines dem andern nicht parallel, so könnte man durch einen beliebigen Punkt des einen eine Parallele zum andern legen, welche dann nach § 1 auf der Grundebene senkrecht stände. Dies wäre aber gegen § 5, Lehrs. 1 oder gegen § 7, Lehrs. 1.

Beweis auch direkt, wie Lehrs. 1, nach § 6, Lehrs. 1.

Lehrsatz 3. Sind zwei Geraden einer dritten parallel, so sind sie auch untereinander parallel.

Beweis. Errichtet man auf der dritten in einem beliebigen Punkte eine senkrechte Ebene, so sind die beiden anderen Geraden, nach Lehrs. 1 auch Lote auf diese, mithin parallel. Lehrs. 2.

§ 9.

Lehrsatz 1. Das Lot ist die kürzeste Linie von einem Punkt auf eine Ebene.

Beweis. Jede krumme Linie von einem Punkte A nach einem Punkte B in der Ebene ist länger, als die Gerade AB, und diese ist Hypotenuse in einem rechtwinkligen Dreieck, in welchem das Lot Kathete ist.

Lehrsatz 2. Unter den Strecken, welche von einem Punkt auf eine Ebene gezogen werden, sind diejenigen einander gleich, deren Normalprojektionen einander gleich sind; diejenigen aber ungleich, welche ungleiche Normalprojektionen haben, so zwar, dass der längeren Normalprojektion die längere Strecke entspricht. — Umkehrungssatz! — Beweis aus dem Pythagoreischen Lehrsatz.

Erklärung 1. Das Lot von einem Punkt auf eine Ebene misst den Abstand des Punktes von der Ebene oder auch seine Höhe über derselben.

Lehrsatz 3. Die Winkel, welche eine zur Grundebene geneigte Gerade mit zweien ihrer Projektionen bildet, sind gleich, wenn diese mit der Normalprojektion gleiche Winkel bilden; je grösser diese Winkel desto grösser jene.

Beweis. Man mache die Projektionen, vom Durchschnittspunkt der Geraden mit der Grundebene gerechnet, gleich lang und verbinde ihre Endpunkte mit einem beliebigen Punkt der Geraden und mit dessen Normalprojektion. Man vergleiche die letzteren Verbindungslinien mit einander und dann die ersteren. Vergl. § 6, Zusatz.

Folgerung. Der Winkel, welchen eine zur Grundebene geneigte Gerade mit ihrer Normalprojektion bildet, ist der kleinste von allen Winkeln, welche sie mit ihren Projektionen bildet, sein Nebenwinkel der grösste. Lehrs. 1.

Erklärung 2. Der Winkel, welchen eine zur Grundebene geneigte Gerade mit ihrer Normalprojektion bildet, heisst ihr Neigungswinkel zur Ebene. Man versteht hierunter gewöhnlich den spitzen von den beiden Nebenwinkeln.

Die projizierende Ebene heisst Neigungsebene.

Zusatz. Parallelen bilden mit einer sie schneidenden Ebene gleiche Neigungswinkel.

Beweis. Ihre Komplementwinkel sind nach § 3, Lehrs. 1, Anm. uud Lehrs. 3, Folg. einander gleich.

§ 10.

Erklärung 1. Eine Gerade, welche mit einer Ebene keinen Punkt gemeinsam hat, heisst ihr parallel.

Lehrsatz 1. Eine Gerade ist einer Ebene parallel, wenn sie einer ihrer Projektionen auf diese parallel ist.

Beweis indirekt. § 3, Erkl. 3, Anm. 3.

Zusatz. Wenn eine von zwei Parallelen einer Ebene parallel ist, so ist es auch die andere.

Beweis. Man ziehe in der Ebene eine dritte Parallele. Diese kann für beide andere Projektion sein. § 3, Lehrs. 1, Anm.

Lehrsatz 2. Eine Gerade, welche einer Ebene parallel ist, ist allen ihren Projektionen auf diese parallel.

Beweis. Wäre sie einer nicht parallel, so müsste sie dieselbe schneiden, da sie mit ihr in einer Ebene (der projizierenden) liegt, also auch die Grundebene.

Folgerung 1. Wenn eine Gerade in der einen von zwei einander schneidenden Ebenen liegt (oder ihr parallel ist, § 8, Lehrs. 3) und der zweiten parallel ist, so ist sie auch dem Durchschnitt parallel. § 3, Lehrs. 1, Anm.

Zusatz. Die Projizierenden einer der Grundebene parallelen Geraden sind einander gleich und umgekehrt.

Beweis. Die Projektion ist der Geraden parallel. § 3, Lehrs. 2.

Folgerung. Alle Punkte einer der Grundebene parallelen Geraden sind von dieser gleich weit entfernt; die Normalprojizierenden bilden mit der Geraden rechte Winkel.

Aufgabe 1. Durch einen Punkt eine Parallele zu einer gegebenen Ebene ziehen.

Aufgabe 2. Durch eine von zwei Paralleloiden eine Ebene parallel zur anderen legen.

III. Die Lage zweier Ebenen zu einander.

§ 11.

Erklärung 1. Wenn auf dem Durchschnitt zweier Ebenen in jeder von ihnen aus einem Punkte ein Lot errichtet ist, so bilden diese Lote den Neigungswinkel der beiden Ebenen; die durch sie bestimmte Ebene heisst die Neigungsebene.

Anmerkung. Die Grösse des Neigungswinkels ist unabhängig von der Wahl des Punktes, aus welchem er konstruiert wird. § 3, Lehrs. 3, Folg.

Folgerung 1. Von den beiden Loten ist das eine die Normalprojektion des anderen.

Folgerung 2. Der Durchschnitt zweier Ebenen steht auf ihrer Neigungsebene senkrecht — und umgekehrt. § 6, Zus. 1, Folg., Lehrs. 2, Erklär. 1.

Folgerung 3. Eine Ebene, welche auf dem Durchschnitt zweier anderen senkrecht steht, ist deren Neigungsebene.

Erklärung 2. Zwei Ebenen stehen senkrecht aufeinander (schneiden sich rechtwinklig), wenn ihr Neigungswinkel ein rechter ist.

Folgerung. Die Lote, welche den Neigungswinkel zweier sich rechtwinklig schneidenden Ebenen bilden, stehen senkrecht auf einander und bez. auf den Ebenen. Jedes Lot auf der einen liegt in der anderen oder ist dieser parallel. § 8, Lehrs. 2.

Lehrsatz. Eine Ebene, welche durch eine zur Grundebene senkrechte Gerade gelegt ist, steht senkrecht auf dieser.

Der Neigungswinkel ist nach § 4, Erkl. 1 ein rechter.

Folgerung 1. Zwei einander schneidende Ebenen stehen senkrecht auf ihrer Neigungsebene.

Folgerung 2. Wird eine Gerade normal projiziert, so steht die projizierende Ebene senkrecht auf der Grundebene.

Zusatz. Der Durchschnitt zweier Ebenen, welche eine dritte rechtwinklig schneiden, steht auf dieser senkrecht. Oder: Eine Ebene, welche auf zwei sich schneidenden Ebenen senkrecht steht, ist deren Neigungsebene.

Beweis. Die beiden Ebenen können als normal projizierende Ebenen zweier sich schneidenden Geraden und die dritte Ebene als Grundebene betrachtet werden. Die Normale, welche den Durchschnittspunkt projiziert, muss in jeder der beiden projizierenden Ebenen liegen, also ihr Durchschnitt sein.

Folgerung. Zwei Lote von einem Punkt auf zwei sich schneidende Ebenen liegen in deren Neigungsebene. § 2, Folg. 3. Ihr Winkel ist also je nach der Lage der Lote dem Neigungswinkel der beiden Ebenen oder seinem Supplemente gleich.

Anmerkung. Der Punkt, von welchem die beiden Lote gezogen sind, kann auch in einer der beiden Ebenen oder in ihrem Durchschnitt liegen.

Aufgabe 1. Auf einer Ebene eine andere senkrecht errichten.

Bei gegebenem Durchschnitt ist nur eine möglich.

Aufgabe 2. Das gemeinsame Lot zweier Paralleloiden zu konstruieren.

Auflösung. Man lege durch eine der beiden Paralleloiden zwei sich rechtwinklig schneidende Ebenen, von denen die eine der zweiten Paralleloide parallel ist, und projiziere letztere normal auf die parallele Ebene. Die projizierende Ebene schneidet die auf der Grundebene senkrechte in dem gemeinsamen Lot.

Erklärung 3. Das gemeinsame Lot zweier Paralleloiden misst ihren Abstand von einander.

§ 12.

Lehrsatz 1. Eine Gerade, welche in einer von zwei parallelen Ebenen (§ 2, Erkl. 2) liegt, ist der andern parallel.

Beweis. Wenn sie ihrer Projektion auf die zweite Ebene nicht parallel wäre, müsste sie dieselbe, also auch die Ebene, schneiden, und der Durchschnittspunkt wäre beiden Ebenen gemeinsam.

Folgerung 1. Die Durchschnitte zweier parallelen Ebenen mit einer dritten sind einander parallel.

Folgerung 2. Ein Dreieck ist seiner Projektion kongruent, wenn die Grundebene ihm parallel ist. — Vergl. §. 3, Lehrs. 3. Ein ebenes Vieleck ist seiner Projektion kongruent, wenn die Grundebene ihm parallel ist.

Zusatz. Durch einen Punkt ist zu einer Ebene nur eine parallele Ebene möglich.

Beweis. Gäbe es zwei, so könnte man in jeder durch den gegebenen Punkt eine Gerade legen. Beide Geraden müssten dann ihrer gemeinsamen Projektion auf die erste Ebene parallel sein.

Lehrsatz 2. Die Ebene zweier sich schneidenden Geraden, welche einer Ebene parallel sind, ist dieser ebenfalls parallel.

Beweis. Schnitten sich die beiden Ebenen, so müsste ihr Durchschnitt den beiden Geraden parallel sein. § 10, Lehrs. 2, Folg. 1.

Aufgabe 1. Durch einen Punkt eine Ebene parallel zu einer gegebenen legen.

Aufgabe 2. Durch zwei Paralleloiden zwei einander parallele Ebenen legen.

Auflösung. Man lege durch jede Paralleloide eine Ebene parallel zur andern.

Lehrsatz 3. Ein Lot auf einer von zwei parallelen Ebenen steht auch auf der andern senkrecht.

Beweis. Wird der Scheitelpunkt eines Winkels in der einen Ebene normal auf die andere projiziert, so bildet die Normale mit beiden Schenkeln rechte Winkel. § 10, Lehrs. 2, Zus., Folg.

Zusatz 1. Eine Gerade schneidet zwei parallele Ebenen unter gleichen Neigungswinkeln.

Beweis. Die Gerade wird durch dieselben Lote auf beide Ebenen normal projiziert, also liegen die beiden Neigungswinkel in derselben projizierenden Ebene.

Zusatz 2. Eine Ebene schneidet zwei parallele Ebenen unter gleichen Neigungswinkeln.

Beweis. Man ziehe für beide Durchschnitte ein gemeinsames Lot und projiziere dieses normal auf beide Ebenen u. s. w.

Lehrsatz 4. Zwei Ebenen sind parallel, wenn sie ein gemeinsames Lot haben.

Beweis. Schnitten sie sich, so würde das gemeinsame Lot eine Seite und die Verbindungslinien seiner Fusspunkte mit einem beliebigen Punkte des Durchschnitts die beiden andern Seiten eines Dreiecks mit zwei rechten Winkeln sein.

Folgerung. Zwei einander schneidende Ebenen können ein gemeinsames Lot nicht haben.

Zusatz. Sind drei Punkte, welche nicht in einer Geraden, aber auf derselben Seite einer Ebene liegen, von dieser gleichweit entfernt, so bestimmen sie eine ihr parallele Ebene.

Beweis. Die Seiten des durch die drei Punkte bestimmten Dreiecks sind ihren Normalprojektionen parallel, da die Projizierenden einander gleich sind. Folglich stehen letztere senkrecht auf je zwei Seiten jenes Dreiecks. Die beiden Ebenen haben also gemeinsame Lote.

Lehrsatz 5. Parallele Strecken zwischen parallelen Ebenen sind einander gleich, also auch die Lote von einer Ebene auf die andere.

Beweis. Die parallelen Strecken können paarweis als Projizierende von Geraden, welche der Grundebene parallel sind, aufgefasst werden.

Erklärung. Ein gemeinsames Lot zweier parallelen Ebenen misst deren Abstand von einander.

Lehrsatz 6. Zwei von parallelen Ebenen begrenzte Strecken werden, auch wenn sie sich kreuzen, durch eine dritte parallele Ebene in proportionale Teile geteilt.

Beweis. Man ziehe von einem Endpunkt der einen Strecke eine Parallele zur anderen. Diese Parallele liegt mit je einer der beiden Strecken in einer Ebene, welche mit den drei parallelen Ebenen parallele Durchschnitte hat. Beide Strecken werden also in demselben Verhältnisse geteilt wie die Hülfslinie.

§ 13†*).

Aufgabe 1. In einer Ebene, von welcher drei Punkte, die ihre Lage bestimmen, mit ihren Höhen über der Grundebene gegeben sind, eine Parallele zu ihrem Durchschnitt mit der Grundebene zu ziehen, ohne diesen zu konstruieren; den Ab-

---

*) Die mit einem † versehenen §§ können vorläufig übergangen werden. Vergl. Vorrede.

stand der Parallelen vom Durchschnitt und den Neigungswinkel beider Ebenen zu berechnen.

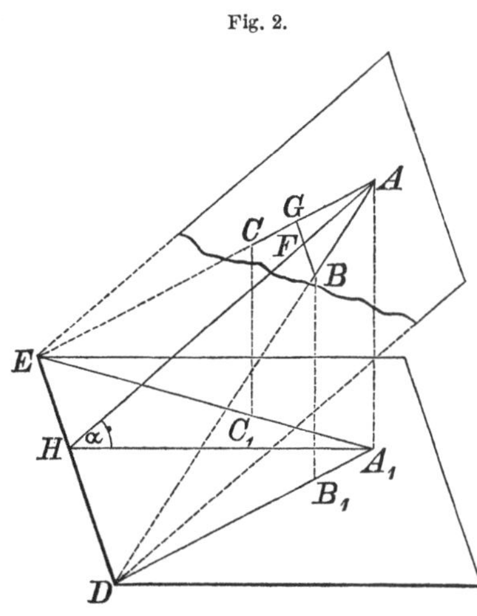

Fig. 2.

Es seien ihrer Lage nach gegeben Fig. 2, die drei Punkte A, B und C und ihre Höhen über der Grundebene $AA_1 = h_1$, $BB_1 = h_2$, $CC_1 = h_3$; $AC = b$, $AB = c$; $h_2 - h_3 = d_1$, $h_1 - h_3 = d_2$, $h_1 - h_2 = d_3$. Die Gerade AB muss sich mit ihrer Normalprojektion A_1B_1 in dem Durchschnitt der beiden Ebenen schneiden (§ 3, Erkl. 3, Anm. 3); ebenso AC und A_1C_1. Sind diese Punkte bezw. D und E, so ist die Gerade DE der Durchschnitt beider Ebenen.

Es ist nun $\dfrac{AD}{AA_1} = \dfrac{BD}{BB_1}$, d. i. wenn $BD = v$, $\dfrac{c+v}{h_1} = \dfrac{v}{h_2}$, und ebenso, wenn $CE = u$, $\dfrac{b+u}{h_1} = \dfrac{u}{h_3}$ und hieraus:

$$\frac{c}{d_3} = \frac{c+v}{h_1} = \frac{v}{h_2}$$
$$\frac{b}{d_2} = \frac{b+u}{h_1} = \frac{u}{h_3}$$

$$\frac{b+u}{c+v} = \frac{b\,d_3}{c\,d_2}; \quad u = \frac{b\,h_3}{d_2}, \quad v = \frac{c\,h_2}{d_3}.$$

Ist $BG \parallel DE$, so muss $\dfrac{AG}{AB} = \dfrac{AE}{AD}$ sein, d. i. $AG = c \cdot \dfrac{b+u}{c+v} = \dfrac{b\,d_3}{d_2}$; wird also auf der Geraden AC die so berechnete Länge von A aus bis G abgesteckt, so ist BG die verlangte Parallele.

Man fälle von A aus das Lot $AF = h$ auf BG; auch diese Gerade muss sich mit ihrer Normalprojektion in DE schneiden. Heisst der Schnittpunkt H, so ist HF der Abstand der beiden Parallelen und $\angle AHA_1 = \alpha$ der gesuchte Neigungswinkel (§ 5, Zus. 1, Folg.)

Es ist nun $\dfrac{HF}{DB} = \dfrac{AF}{AB}$, oder $HF = \dfrac{h\,h_2}{d_3}$, ferner ist

$$\frac{AH}{AD} = \frac{HF}{DB} = \frac{h}{c}, \text{ d. i. } AH = \frac{h \cdot (c + v)}{c} = \frac{h\, h_1}{d_3}, \text{ also}$$

$\sin \alpha = \dfrac{d_3}{h}.$ Um die Normalprojektion von FH zu finden, muss man diese Strecke mit $\cos \alpha$ multiplizieren.

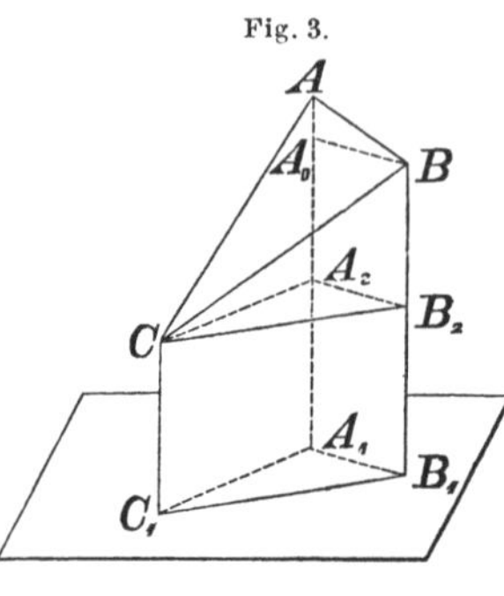

Fig. 3.

Aufgabe 2. Von einem Dreieck sind die drei Seiten und die drei Eckenhöhen über einer Grundebene gegeben. Es soll der Flächeninhalt seiner Normalprojektion berechnet werden.

Auflösung. Von dem Dreieck ABC, Fig. 3, sei $BC = a$, $AC = b$, $AB = c$ und $A_1 B_1 C_1$ die Normalprojektion mit den entsprechenden Seiten a_1, b_1, c_1; $AA_1 = h_1$, $BB_1 = h_2$, $CC_1 = h_3$. Schneidet eine durch C parallel $A_1 B_1 C_1$ gelegte Ebene AA_1 in A_2, BB_1 in B_2, so sei $BB_2 = d_1 = h_2 - h_3$, $AA_2 = d_2 = h_1 - h_3$ und $AA_0 = d_3 = h_1 - h_2$. Es ist nun $B_2 C = a_1 = \sqrt{a^2 - d_1^2}$, $A_2 C = b_1 = \sqrt{b^2 - d_2^2}$, $A_0 B = c_1 = \sqrt{c^2 - d_3^2}$, oder auch mit Benutzung trigonometrischer Tafeln:

$$a_1 = a \cos \alpha, \text{ wo } \sin \alpha = \frac{d_1}{a},$$

$$b_1 = b \cos \beta, \text{ wo } \sin \beta = \frac{d_2}{b},$$

$$c_1 = c \cos \gamma, \text{ wo } \sin \gamma = \frac{d_3}{c},$$

mithin $N = \triangle\, A_1 B_1 C_1 = \sqrt{s_1 (s_1 - a_1) (s_1 - b_1) (s_1 - c_1)}$, wo $s_1 = \dfrac{a_1 + b_1 + c_1}{2}$ ist.

Aufgabe 3. Die drei Eckenhöhen eines Dreiecks über einer Grundebene sind gegeben, die Höhe seines Schwerpunktes über dieser zu finden.

Auflösung. Es sei Fig. 4, $\triangle ABC$ und seine Normalprojektion $A_1 B_1 C_1$ gegeben, ferner $AA_1 = h_1$, $BB_1 = h_2$, $CC_1 = h_3$. Ist S der Schwerpunkt des

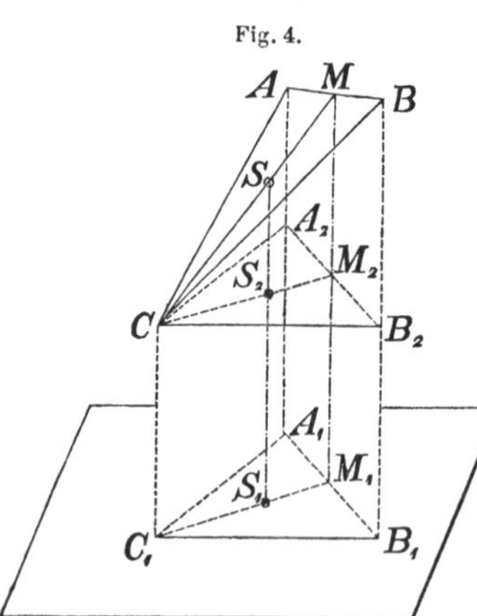

Fig. 4.

Dreiecks ABC, d. h. der Durchschnittspunkt der drei Transversalen, so ist $SS_1 = s$ zu finden.

Schneidet eine durch C parallel $A_1B_1C_1$ gelegte Ebene AA_1 in A_2, BB_1 in B_2, SS_1 in S_2, so sei $BB_2 = d_1 = h_2 - h_3$, $AA_2 = d_2 = h_1 - h_3$, $SS_2 = s_1 = s - h_3$. Es sei ferner M die Mitte von AB, M_2 die Mitte von A_2B_2 und $MM_2 = m$; dann ist in den beiden ähnlichen Dreiecken CSS_2 und CMM_2,

$$\frac{SS_2}{MM_2} = \frac{CS}{CM} = \frac{2}{3}, \text{ d. i. } s_1 = \frac{2m}{3}.$$ Nun ist in dem Trapez ABB_2A_2 $2\overline{MM_2} = AA_2 + BB_2$ oder $2m = d_1 + d_2$, also $s_1 = \frac{d_1 + d_2}{3}$ oder, wenn auf beiden Seiten h_3 addiert wird: $s = \frac{h_1 + h_2 + h_3}{3}$.

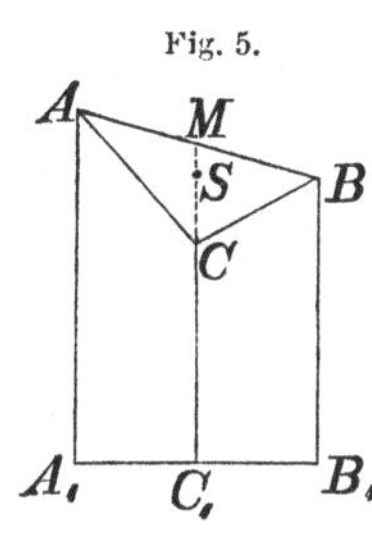

Fig. 5.

Auflösung 2. Man projiziere die eine Eckenhöhe auf die Ebene der beiden anderen in der Richtung derjenigen Transversale, welche von ihrem Fusspunkte aus in der Normalprojektion des Dreiecks gezogen ist. Dann sei Fig. 5 ABC die Projektion des gegebenen Dreiecks, S die seines Schwerpunktes, $A_1B_1C_1$ die seiner Normalprojektion und $AM = MB$, dann ist $A_1A = h_1$, $B_1B = h_2$, $C_1C = h_3$, $SC = \frac{2}{3}MC$ und $s = SC_1$, ferner:

$$MC_1 = \frac{h_1 + h_2}{2}, \quad MC = \frac{h_1 + h_2}{2} - h_3,$$

$$SC = \frac{2}{3}\left(\frac{h_1 + h_2}{2} - h_3\right) \text{ und:}$$

$$SC_1 = \frac{2}{3}\left(\frac{h_1 + h_2}{2} - h_3\right) + h_3 = \frac{h_1 + h_2 + h_3}{3}.$$

IV. Die Lage mehrerer Ebenen zu einander. — Die Ecke.

§ 14.

Lehrsatz 1. Die Durchschnitte dreier Ebenen sind entweder parallel oder schneiden sich in einem Punkte.

Beweis. Zwei Durchschnitte können stets als Projektionen des dritten aufgefasst werden. §. 3, Erkl. 3, Anm. 3.

Erklärung 1. Drei oder mehrere Strahlen, welche von einem Punkte ausgehen, bestimmen eine Ecke, wenn je zwei auf einander folgende durch Ebenen so verbunden sind, dass deren Durchschnitte mit jeder sie alle schneidenden Ebene den Umfang eines Drei- oder Vielecks bilden.

Der Ausgangspunkt der Strahlen heisst der Scheitel; diese selbst heissen Kanten; die Winkel, welche zwei auf einander folgende Kanten mit einander bilden, Seiten; die Neigungswinkel der Ebenen Winkel der Ecke.

Anmerkung 1. In folgendem sollen nur konvexe Ecken, d. h. solche, bei denen keine Seite und kein Winkel grösser als zwei Rechte ist, betrachtet werden.

Anmerkung 2. Man unterscheidet dreiseitige, vierseitige u. s. w. und vielseitige Ecken. Ebenso gleichschenklige, gleichseitige und ungleichseitige Ecken.

Erklärung 2. Die Scheitelwinkel der Seiten einer Ecke sind die Seiten ihrer Scheitelecke.

Folgerung. Jede Ecke ist die Scheitelecke ihrer Scheitelecke.

Anmerkung. Scheitelecken sind im allgemeinen nicht kongruent; sie heissen symmetrisch.

Erklärung 3. Gehen von einem Punkte innerhalb einer Ecke (oder von dem Scheitelpunkte) Strahlen aus, welche auf den Seiten der Ecke senkrecht stehen, so bestimmen diese eine Ecke, welche die Polarecke der ersten Ecke heisst.

Folgerung 1. Die Kanten einer Ecke stehen senkrecht auf den Seiten der Polarecke d. h. jede Ecke ist die Polarecke ihrer Polarecke.

Folgerung 2. Von zwei Polarecken sind die Winkel der einen die Supplemente der Seiten der andern und umgekehrt. § 11, Zus., Folg.

§ 15.

Lehrsatz 1. In jeder dreiseitigen Ecke ist die Summe je zweier Seiten grösser als die dritte.

Voraussetzung. In der dreiseitigen Ecke $SABC$, Fig. 6, ist Seite ASB grösser als jede der beiden andern, und Seite $ASC + BSC < 2R$*).

Behauptung. Seite $ASB > ASC + BSC$.

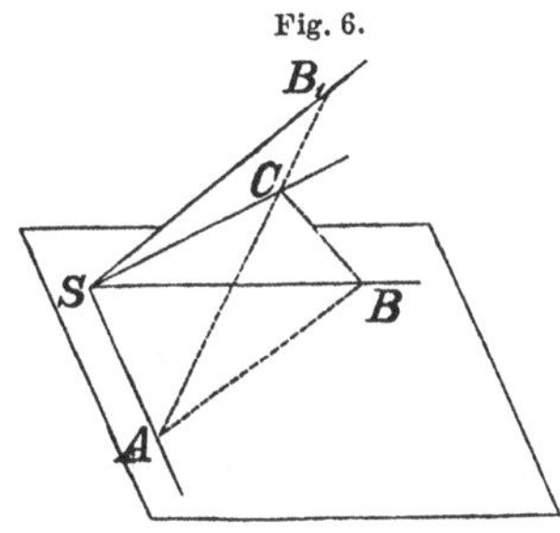

Fig. 6.

Beweis. Man schneide die drei Kanten durch eine Ebene in A, B und C so, dass $\angle SCA + SCB = 2R$, was stets möglich ist**), da $\angle ASC + BSC < 2R$, und drehe die Seite BSC so um SC, dass sie in die Ebene ASC fällt. Ist nun $\triangle B_1 SC \cong BSC$ — also $\angle ASB_1$ die Summe der beiden kleineren Seiten — so erhellt aus der Vergleichung der beiden Dreiecke ASB und ASB_1 die Richtigkeit der Behauptung, da $AB_1 = AC + CB > AB$ ist.

Lehrsatz 2. In jeder Ecke ist die Summe aller Seiten kleiner als vier Rechte.

Beweis. Schneidet eine Grundebene von den Seiten der Ecke je ein Dreieck ab, und werden diese Dreiecke so projiziert, dass der Scheitel in die Durchschnittsfigur fällt, so ist die Summe aller Dreieckswinkel gleich der ihrer Projektionen. Es muss demnach die Summe der Seiten für sich kleiner sein als die ihrer Projektionen, denn die Summe der übrigen Dreieckswinkel ist nach Lehrsatz 1 grösser als die ihrer Projektionen.

Lehrsatz 3. In jeder n-seitigen Ecke ist die Summe der Winkel grösser als $(2n - 4)R$.

Beweis. Die Winkel sind Supplemente der Seiten der Polarecke. § 14, Folg. 2. Da die Summe der Seiten nun kleiner als $4R$ ist, muss die Summe der Winkel grösser als $(2n - 4)R$ sein.

---

*) Diese Voraussetzung beeinträchtigt die Allgemeinheit nicht. Wäre nämlich diese Summe gleich oder grösser als $2R$, so wäre sie ja grösser als die dritte Seite. § 13, Erkl. 1, Anm. 1.

**) Man führe erst die Drehung aus, ziehe AB_1, wo A und B_1 beliebige Punkte der betreffenden Kanten sind, und drehe wieder zurück.

Lehrsatz 4. Eine dreiseitige Ecke ist einer anderen oder deren Scheitelecke kongruent, wenn sie:

1. in zwei Seiten und dem eingeschlossenen Winkel,
2. in einer Seite und den beiden anliegenden Winkeln,
3. in den drei Seiten,
4. in den drei Winkeln

übereinstimmen.

1. und 2. wird durch Ineinanderlegen ähnlich wie die entsprechenden Kongruenzsätze in der Ebene bewiesen.

Für 3. konstruiere man zwei homologe Neigungswinkel und zeige, dass die Durchschnittsfiguren ihrer Ebenen mit den Seiten der beiden Ecken ähnliche oder kongruente Dreiecke, die Neigungswinkel selbst also einander gleich sind, dann wende man 1. an.

4. folgt aus 3. Sind die Winkel gleich, so sind auch die homologen Seiten der bez. Polarecken gleich, also auch deren Winkel und somit auch wiederum die Seiten der gegebenen Ecken.

Dass die Ecken trotz Gleichheit obiger Stücke nicht immer kongruent sind, sondern auch symmetrisch sein können, zeige man durch Betrachtung kongruenter Netze zweier dreiseitigen Ecken.

V. Ebenflächige Körper (Polyeder).

§ 16.

Erklärung 1. Körper, welche von ebenen Flächen begrenzt werden, heissen ebenflächige oder Polyeder. Die Linien, in welchen sich diese Ebenen schneiden, heissen Kanten, und die von diesen Kanten begrenzten Vielecke Seiten des Körpers.

Wird jede Seite eines ebenflächigen Körpers — soweit es erforderlich ist — durch Diagonalen von einer Ecke aus in Dreiecke geteilt, so können diese Diagonalen als Kanten betrachtet werden, und der Körper selbst als nur von Dreiecken begrenzt, ohne dass die Zahl seiner Ecken vermehrt wäre.

Erklärung 2. Von den ebenflächigen Körpern haben diejenigen besondere Wichtigkeit, deren Ecken so auf zwei Seiten des Körpers verteilt sind, dass derselbe nicht mehr Ecken hat, als diese beiden Seiten zusammengenommen.

Diese beiden ausgezeichneten Seiten heissen Grundflächen, oder auch die eine Deckfläche (D)*) und die andere Grundfläche (G).

Die anderen Seiten heissen Seitenflächen. Deck-kanten, Grundkanten, Seitenkanten.

Erklärung 3. Körper, deren Grundflächen parallel sind, heissen Prismatoide. Der Abstand beider Ebenen heisst Höhe (h) des Prismatoids.

Sind die beiden Grundflächen nicht parallel, so heisst der Körper ein schiefabgeschnittenes Prismatoid.

Erklärung 4. Ein Prismatoid, dessen Grundfläche ein n-Eck ist, heisst:

1. eine n-seitige Pyramide, wenn in der Deckfläche nur ein Eckpunkt liegt;

2. ein Keil, wenn in der Deckfläche zwei Eckpunkte liegen;

3. ein n-seitiges Prisma, wenn die Seitenkanten parallel sind;

4. ein n-seitiger Obelisk, wenn die Deckfläche ebenfalls ein n-Eck ist, und jede Deckkante einer Grundkante parallel ist (ohne ihr gleich zu sein);

5. eine abgestumpfte Pyramide oder ein Pyramidenstumpf, wenn die Seitenkanten bei genügender Verlängerung in einem Punkte zusammentreffen.

Die eine Ecke in der Deckfläche einer Pyramide heisst Spitze derselben.

Wird die eine Seitenfläche einer dreiseitigen Pyramide als Deckfläche betrachtet, so ist dieselbe ein dreiseitiges schiefabgeschnittenes Prisma.

Wird eine Kante einer dreiseitigen Pyramide als Grundkante, die vier sie schneidenden Kanten als Seitenkanten und die eine sie nicht schneidende Kante als Deckkante betrachtet, so heisst sie schwebende Pyramide.

Die eine Deckkante eines Keils heisst Schneide desselben.

Wird eine Seitenfläche eines dreiseitigen Prismas als Grundfläche betrachtet, so ist dasselbe ein Keil.

Ein Prisma heisst gerade oder schief, jenachdem die Seitenkanten gerade oder geneigt zur Grundfläche stehen. Die Seitenflächen eines (vollständigen) Prismas sind Parallelogramme. Sind auch die Grundflächen Parallelogramme, so heisst es Parallelepipedon oder Parallelflächner. Sind alle Seiten Rechtecke, so heisst der Parallelflächner recht-winklig; sind sie Quadrate, heisst er Würfel oder Kubus.

---

*) Die in Klammern gesetzten Buchstaben sind die Abkürzungen, welche durchgängig angewendet werden sollen.

Ein rechtwinkliger Parallelflächner ist stets gerade.

Ein Pyramidenstumpf ist ein Obelisk, dessen Grundflächen ähnlich sind. (Beweis ?)

Erklärung 5. Von den Seitenflächen eines Prismatoids heissen diejenigen Dreiecke, welche eine Deckkante als Seite haben, Oberdreiecke; diejenigen, welche eine Grundkante als Seite haben, Unterdreiecke.

Ist eine Deckkante einer Grundkante parallel, so bilden ein Oberdreieck und ein Unterdreieck ein Trapez oder Parallelogramm.

Eine Pyramide hat nur Unterdreiecke.

Ein Keil hat zwei Oberdreiecke und n Unterdreiecke; unter seinen Seitenflächen können also zwei Trapeze oder Parallelogramme sein.

In einem n-seitigen Prisma sind n Oberdreiecke und n Unterdreiecke, von denen je zwei ein Parallelogramm bilden.

Die Grundfläche ist die Projektion der Deckfläche, also dieser kongruent. § 12, Lehrs. 1, Folg. 2.

Ein n-seitiger Obelisk hat n Oberdreiecke und n Unterdreiecke, von denen je zwei ein Trapez bilden.

Ist die Grundfläche eines Prismatoids ein n-Eck, und die Deckfläche desselben ein m-Eck, so hat das Prismatoid m Oberdreiecke und n Unterdreiecke, im Ganzen also $n + m + 2$ Seiten, wenn die Grundflächen nicht in Dreiecke geteilt sind.

Erklärung 6. Eine Ebene, parallel zur Grundfläche eines Prismatoids, heisst ein Parallelschnitt (Z).

Liegt der Parallelschnitt in halber Höhe, so heisst er Mittelschnitt (H).

Ist der Abstand (die Schnitthöhe) des Parallelschnittes von der Grundfläche gleich dem dritten Teile der Prismatoidenhöhe, so heisst er Eindrittelschnitt (Z_1); hat er von der Deckfläche diesen Abstand, so heisst er Zweidrittelschnitt (Z_2).

Eine Ebene senkrecht zu allen Seitenkanten eines Prismas heisst Normalschnitt oder Querschnitt (Q).

Eine Ebene, welche die Grundflächen in homologen Diagonalen schneidet, heisst Diagonalebene.

Anmerkung. Mit D, G, H, Z, Z_1, Z_2, Q werden sowohl die betreffenden Ebenen bezeichnet, als auch die Flächeninhalte der Vielecke, welche in diesen Ebenen von der Begrenzung des Körpers gebildet werden.

Erklärung 7. Wird ein ebenflächiger Körper in beliebiger Richtung auf eine Grundebene, welche im allgemeinen den Körper nicht schneidet, parallel projiziert, so mögen die Projektionen derjenigen seiner Seiten, deren Punkte nur von solchen Geraden projiziert werden, welche nicht mehr als den einen Punkt mit dem Körper gemeinsam haben, als unter den anderen liegend bezeichnet werden.

Anmerkung 1. Es bildet die Summe der oben liegenden Projektionen dasselbe Vieleck, wie die Summe der unten liegenden Projektionen; wird also die erste Summe mit P', die zweite mit P'' bezeichnet, so hat man $P' = P''$ oder $P' - P'' = 0$; oder, wenn man festsetzt, dass die Flächeninhalte der unten liegenden Projektionen mit negativen Zeichen zu versehen sind, und die Projektionen allgemein mit P bezeichnet werden:

$$\Sigma P = 0.$$

Anmerkung 2. Die Gleichung $\Sigma P = 0$ wird für das Prismatoid $G = D + O + U$, wenn unter Beobachtung der Zeichenregel die Projektionssumme der Oberdreiecke mit O, die der Unterdreiecke mit U bezeichnet wird.

Erklärung 8. Werden die Kanten eines Körpers auf eine Grundebene normal projiziert, so heisst die von den Projektionen gebildete Figur Grundriss des Körpers.

Die Normalprojektion auf eine Ebene, welche die Grundebene senkrecht schneidet und hinter (vom Beschauer aus) dem Körper liegt, heisst Aufriss.

Die Normalprojektion auf eine Ebene, welche die Grundebene senkrecht schneidet und rechts (vom Beschauer aus) vom Körper liegt, heisst Seitenriss.

Diese Projektionen heissen auch erste, zweite und dritte Projektion; ihre Ebenen Projektionsebenen und die auf einander senkrecht stehenden (§ 11, Zus.) Durchschnitte dieser Ebenen heissen Projektionsachsen.

Um die drei Projektionen in einer Ebene zu zeichnen, denke man sich die dritte und die erste Projektion in die zweite Ebene gedreht.

§ 17.

Lehnsatz. Zwei ebene flächengleiche Figuren können stets so zerlegt werden, dass die Teile des einen denen des anderen bezüglich kongruent sind. Beweis in Anhang III, 1.

Lehrsatz 1. Gerade Prismen gleicher Grundfläche und Höhe sind raumgleich.

Beweis. Man teile die gleichen Grundflächen zweier Prismen in bezüglich kongruente Teile und projiziere dieselben normal auf die zugehörigen Deckflächen. Die projizierenden Ebenen teilen die Prismen in paarweis kongruente Teile.

Lehrsatz 2. Körper sind raumgleich, wenn ihre Parallelschnitte zu derselben Grundebene in jeder Schnitthöhe bezüglich flächengleich sind.

Beweis. Teil I. Voraussetzung:

1. Die bezüglich gleichen Parallelschnitte nehmen inhaltlich mit wachsender Schnitthöhe stetig ab.

2. Die Normalprojektion jedes Parallelschnittes auf einen tiefer gelegenen liegt ganz in diesem.

Wird ein solcher Körper A durch Parallelschnitte in beliebig viele Schichten geteilt, und jeder Schnitt auf den zunächst liegenden nach unten projiziert, so wird durch diese Schnitte und die projizierenden Ebenen eine erste Reihe gerader Prismen begrenzt, deren Summe S' kleiner als A ist; wird dagegen nach oben projiziert, so hat man ebenso eine zweite Reihe gerader Prismen, deren Summe S'' grösser als A ist. Mithin ist A eingeschlossen zwischen zwei Grenzen S' und S'', deren Unterschied kleiner gemacht werden kann, als jeder andere Körper, da bei stetiger Vermehrung der Parallelschnitte S' wächst und S'' abnimmt. Wird nun ein anderer Körper B, von welchem ebenfalls obige Voraussetzungen gelten, durch Parallelschnitte, in denselben Schnitthöhen wie bei A, in ebensoviel Schichten geteilt und ebenso zwischen zwei Grenzen eingeschlossen, so sind diese denen bei A nach Lehrsatz 1 gleich. Könnte man also von A einen Körper abschneiden, so dass der Rest gleich B würde (oder umgekehrt), so müsste dieser Körper kleiner als $S'' - S'$ sein. Dies ist aber unmöglich, da der Unterschied beider Grenzen kleiner gemacht werden kann, als jeder andere Körper*).

Folgerung. Sind unter obiger Voraussetzung die Parallelschnitte des einen Körpers grösser als die entsprechenden des anderen, so ist der erste grösser als dieser.

Durch seitliche Abschneidungen kann nämlich aus dem ersten ein Körper hergestellt werden, welcher nach dem eben geführten Beweis dem zweiten gleich ist.

Teil II. Nur Voraussetzung 1.

Man behandle die Körper wie in Teil I. Ist dann in einem derselben von zwei aufeinander folgenden Parallel-

---

*) Will man den Beweis nur auf die Anschauung stützen, so kann man doch annehmen, dass die Körper A und B ohne Verlust ihres Inhalts in andere Formen gebracht werden können. Um also A mit B zu vergleichen, schneide man von beiden S' ab; verwandele den Unterschied der beiden Grenzen S' und S'' bei A in ein Prisma und den bei B in ein diesem kongruentes (Lehrsatz 1). Werden beide zur Deckung gebracht, und die Teile von $(A - S')$ und $(B - S')$, welche sich nicht decken, gegenseitig ausgeglichen, so müsste der etwaige Ueberschuss des einen innerhalb dieses Prismas liegen, also kleiner als $S'' - S'$ sein.

schnitten F_1 der untere und F_2 der obere, liegt die Normalprojektion des letzteren zu einem Teile V (wo auch $V = o$ sein kann) innerhalb und mit einem Teile W ausserhalb F_1, und wird für eine Schicht des Körpers das betreffende Prisma erster Reihe gesetzt, so wird von ihr ein Körper mit der Grundfläche $F_1 - V$ abgeschnitten und einer mit der Grundfläche W angesetzt. Dieser ist aber kleiner als jener, denn ebenso wie $W < F_1 - V$ (da $V + W = F_2 < F_1$), so ist auch jeder Parallelschnitt in dem zweiten kleiner als im ersten. Umgekehrt ist ein Prisma zweiter Reihe grösser als die betreffende Schicht des Körpers. Da also auch in diesem Falle S' kleiner und S'' grösser als der gegebene Körper ist, so gilt derselbe Schluss wie Teil I.

Teil III. Treffen bei zwei zum Vergleich gestellten Körpern die einschränkenden Voraussetzungen der beiden ersten Fälle nicht zu, so können sie doch durch Parallelschnitte gleicher Schnitthöhe in solche geteilt werden, für welche der vorstehende Beweis statthaft ist.

Lehrsatz 3. Prismen gleicher Grundfläche und Höhe sind raumgleich.

Beweis. Liegen die gleichen Grundflächen zweier Prismen in derselben Grundebene, so sind je zwei Parallelschnitte gleicher Schnitthöhe in ihnen flächengleich, da sie den Grundflächen beziehentlich kongruent sind. § 12, Lehrs. 1, Folg. 2.

Fig. 7.

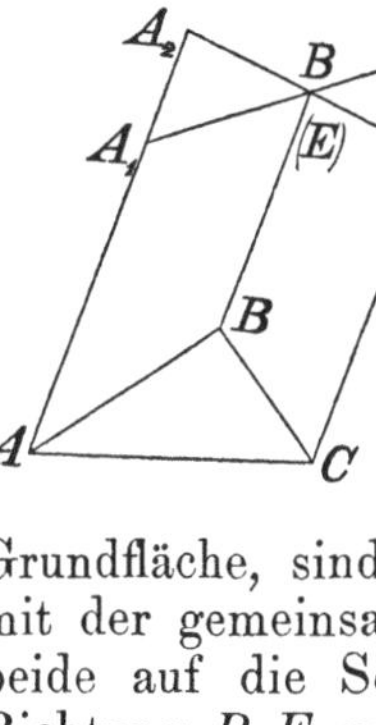

Erklärung 1. Als Höhe eines schiefabgeschnittenen dreiseitigen Prismas gilt das Lot (s) von dem Durchschnittspunkt der Deckflächen-Transversalen auf die Grundfläche.

Lehrsatz 4. Zwei schiefabgeschnittene dreiseitige Prismen auf derselben Grundfläche sind raumgleich, wenn ihre Deckflächen eine gemeinsame Transversale haben.

Beweis. Ist ABC die gemeinsame Grundfläche, sind $A_1 B_1 C_1$ und $A_2 B_2 C_2$ die beiden Deckflächen, mit der gemeinsamen Transversale $B_1 E$, so projiziere man beide auf die Seite, in welcher der Punkt E liegt, in der Richtung $B_1 E$ und erkennt aus der Projektion Fig. 7, dass, ebenso wie die beiden Seiten $A C C_2 A_2$ und $A C C_1 A_1$ flächengleich sind, dies auch die Schnitte beider Prismen, parallel zu dieser Grundebene, in gleichen Schnitthöhen sind.

Lehrsatz 5. Ein schiefabgeschnittenes dreiseitiges Prisma ist einem vollständigen gleicher Grundfläche und Höhe raumgleich.

Beweis. Man drehe die Deckfläche des schiefabgeschnittenen Prismas um eine ihrer Transversalen so, dass unter steter Formveränderung die drei Ecken auf den Seitenkanten bezüglich deren Verlängerung gleiten und zwar so lange, bis eine der beiden anderen Transversalen der Grundfläche parallel ist. Zwischen dieser und der neuen Deckfläche steht dann ein Prisma, welches nach Lehrs. 4 dem ersten raumgleich ist. Jetzt drehe man ebenso die Deckfläche des zweiten Prismas um die der Grundfläche parallele Transversale bis sie selbst dieser Grunfläche parallel ist. Dann steht zwischen diesen beiden Flächen ein drittes Prisma, welches vollständig und dem zweiten, mithin auch dem ersten, raumgleich ist. Weiter nach Lehrs. 3.

Zusatz. Liegen von den Ecken der Deckfläche eines dreiseitigen schiefabgeschnittenen Prismas zwei in gleicher Höhe über der Grundfläche und eine in dieser*), so ist seine Höhe zwei Drittel der Höhe jener beiden Ecken über der Grundfläche; liegen aber zwei Ecken in der Grundfläche, so ist die Höhe dieses Prismas gleich einem Drittel des Abstandes der dritten Ecke von der Grundfläche.

Folgerung 1. Der Rauminhalt einer dreiseitigen Pyramide ist gleich dem eines Prismas gleicher Grundfläche, dessen Höhe gleich einem Drittel der Pyramidenhöhe ist.

Folgerung 2. Der Rauminhalt jeder Pyramide ist gleich dem eines Prismas gleicher Grundfläche, dessen Höhe gleich einem Drittel der Pyramidenhöhe ist.

Folgerung 3. Pyramiden gleicher Grundfläche und Höhe sind raumgleich.

§ 18.

Aufgabe 1. Ein gegebenes Prisma in einen rechtwinkligen Parallelflächner zu verwandeln, von welchem zwei in einer Ecke zusammenstossende Kanten gegeben sind.

Auflösung. Man verwandle das gegebene Prisma, § 17, Lehrs. 3, in einen rechtwinkligen Parallelflächner mit einer der gegebenen Kanten als Grundkante — betrachte diese als Höhe und wiederhole die Konstruktion mit der anderen gegebenen Kante.

Aufgabe 2. Eine Pyramide in ein Prisma zu verwandeln. § 17, Zus., Folg. 2.

---

*) Es ist dann ein Keil.

Aufgabe 3. Ein Prismatoid mit der Höhe h in ein Prisma zu verwandeln.

Auflösung. Man projiziere das Prismatoid in beliebiger Richtung auf seine Grundfläche, dann teilen die Projektionsebenen dasselbe in folgende Teile:

1. Unter jedem Unterdreieck steht eine dreiseitige Pyramide. Wird jede derselben nach Aufg. 2 in ein Prisma verwandelt, so ist ihre Summe unter Beachtung der Zeichenregel — § 16, Erkl. 7, Anm. 1 und 2 — gleich einem Prisma mit der Grundfläche U und der Höhe $\frac{1}{3} h$.

2. Unter jedem Oberdreieck steht ein dreiseitiges schiefabgeschnittenes Prisma. Werden diese alle in Prismen verwandelt, so ist ihre Summe gleich einem Prisma mit der Grundfläche O und der Höhe $\frac{2}{3} h$. § 17, Zus. Dieses Prisma teile man durch einen Parallelschnitt in zwei kongruente Teile.

3. Unter der Deckfläche steht ein Prisma mit der Höhe h. Dieses teile man durch Parallelschnitte in drei kongruente Teile.

Alle diese Prismen haben jetzt die Höhe $\frac{1}{3} h$. Ihre Summe ist also gleich einem Prisma derselben Höhe und einer Grundfläche, welche die Summe der Grundflächen sämtlicher Prismen ist.

Folgerung 1. Das Prismatoid ist gleich einem Prisma, dessen Höhe gleich dem dritten Teil der Prismatoidenhöhe, und dessen Grundfläche $3 D + 2 O + U$ ist.

Folgerung 2. Das Prismatoid ist gleich einem Prisma, dessen Höhe gleich dem dritten Teil der Prismatoidenhöhe, und dessen Grundfläche $2 D + O + G$ ist. § 16, Erkl. 7, Anm. 1 und 2.

Zusatz. Prismatoide gleicher Höhe sind raumgleich, wenn sie auf ihre Grundflächen kongruent projiziert werden können.

Anmerkung. Der Rauminhalt eines Prismatoids wird also nicht geändert, wenn seine Deckfläche ohne Drehung parallel zur Grundfläche verschoben wird.

§ 19†.

Lehrsatz 1. Der Rauminhalt eines Prismatoids ist gleich dem sechsten Teile eines Prismas gleicher Höhe, dessen Grundfläche gleich der Summe der Grundflächen des Prismatoids vermehrt um den vierfachen Mittelschnitt desselben ist.

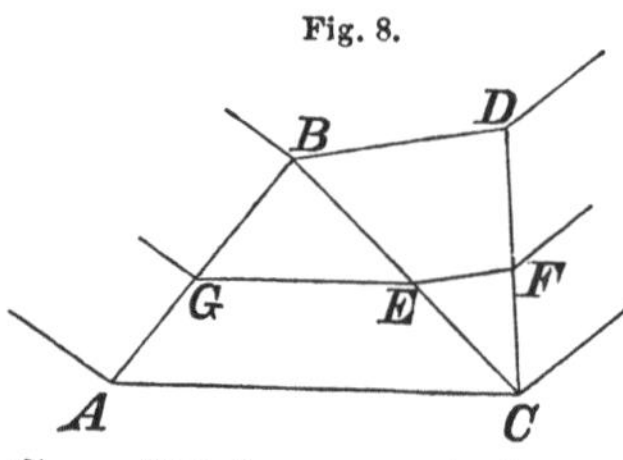

Fig. 8.

Voraussetzung. Fig. 8 sei ein Teil der Projektion des Prismatoids auf seine Grundfläche, BD eine Deckkante, AC eine Grundkante, GE und EF Schnittkanten in halber Höhe.

Beweis. Der Flächeninhalt des Mittelschnitts ist gleich der Grundfläche vermindert, um eine Summe von Dreiecken, welche wie ECF obere Abschnitte der Oberdreiecke, und um eine Summe von Trapezen, welche wie $AGEC$ untere Abschnitte der Unterdreiecke sind. Da $EF \parallel BD$ und $BE = EC$, so ist $\triangle EFC = \frac{1}{4} \triangle BDC$, die Summe dieser Dreiecke also $\frac{1}{4} O$; da ferner $GE \parallel AC$, so ist $AGEC = \frac{3}{4} \triangle ABC$, die Summe dieser Trapeze also $\frac{3}{4} U$, mithin $H = G - \frac{1}{4} O - \frac{3}{4} U$. Aus dieser und der Gleichung $G = D + O + U$ (§ 16, Erkl. 7, Anm. 2) findet man $2D + O + G = \dfrac{D + 4H + G}{2}$. Konstruiert man also ein Prisma mit der Grundfläche $D + 4H + G$ und der Höhe $\frac{1}{3} h$, so ist es nach § 18, Aufg. 3, Folg. 2 gleich dem doppelten Prismatoid u. s. w.

Folgerung. Prismatoide gleicher Höhe sind raumgleich, wenn ihre Grundflächen und Mittelschnitte bezüglich flächengleich sind.

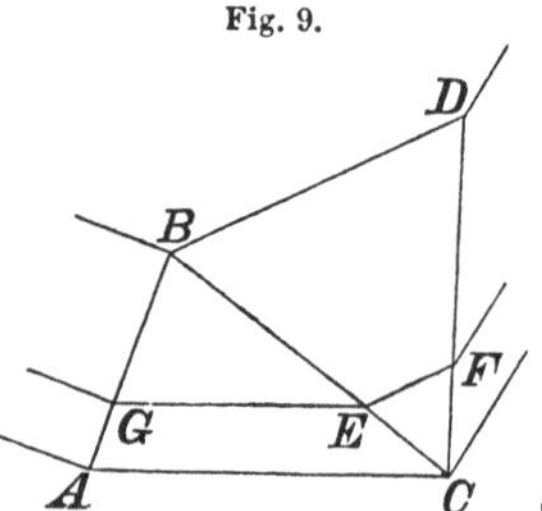

Fig. 9.

Lehrsatz 2. Der Rauminhalt eines Prismatoids ist gleich dem vierten Teile eines Prismas gleicher Höhe, dessen Grundfläche gleich der Summe aus der Deckfläche und dem dreifachen Eindrittelschnitt des Prismatoids ist.

Voraussetzung. Fig. 9 wie Lehrs. 1; doch seien GE und EF Schnittkanten des Eindrittelschnitts.

Beweis. Es ist Z_1 gleich der Deckfläche vermehrt um die Summe von Trapezen, welche wie $BDFE$ die unteren Abschnitte der Oberdreiecke, und einer Summe von Dreiecken, welche wie BEG die oberen Abschnitte der Unterdreiecke sind. Da $\dfrac{EC}{BC} = \dfrac{1}{3}$, so ist $\triangle EFC = \dfrac{1}{9} \triangle BDC$, das Trapez $BDFC = \dfrac{8}{9} \triangle BDC$, die Summe dieser Trapeze also $\dfrac{8}{9} O$. Da ferner $\dfrac{BE}{BC} = \dfrac{2}{3}$, so ist $\triangle BGE = \dfrac{4}{9} \triangle ABC$, die Summe dieser Dreiecke also $\dfrac{4}{9} U$. Demnach ist $Z_1 = D + \dfrac{8}{9} O + \dfrac{4}{9} U$ oder $2O + U = \dfrac{9}{4} (Z_1 - D)$ und $3D + 2O + U = \dfrac{3}{4} D + \dfrac{9}{4} Z_1$. Ein Prisma mit dieser Grundfläche und der Höhe $\dfrac{1}{3} h$ ist nach § 18, Aufg. 3, Folg. 1 gleich dem Prismatoid. Man kann für dieses Prisma setzen ein anderes mit der Höhe h und der Grundfläche $\dfrac{D + 3 Z_1}{4}$ oder eines mit der Höhe $\dfrac{h}{4}$ und der Grundfläche $D + 3 Z_1$. Dies ist aber gleich dem vierten Teile des im Lehrsatze angegebenen.

Zusatz. Der Rauminhalt eines Prismatoids ist gleich dem vierten Teile eines Prismas gleicher Höhe, dessen Grundfläche gleich der Summe aus der Grundfläche und dem dreifachen Zweidrittelschnitt des Prismatoids ist.

Beweis. Wird das Prismatoid umgekehrt d. h. die bisherige Deckfläche zur Grundfläche genommen, so ist D mit G und Z_1 mit Z_2 zu vertauschen.

Folgerung. Prismatoide gleicher Höhe sind raumgleich, wenn sie in der Deckfläche und dem Eindrittelschnitt oder in der Grundfläche und dem Zweidrittelschnitt inhaltlich übereinstimmen.

Lehrsatz 3. Prismatoide gleicher Höhe sind raumgleich, wenn sie in den Grundflächen und einem Parallelschnitt gleicher Schnitthöhe inhaltlich übereinstimmen.

Voraussetzung. Wie Lehrs. 1, Fig. 8 oder 9; doch seien EG und EF die Schnittkanten eines Schnittes Z in der Höhe zh, wenn z ein echter Bruch ist.

Beweis. Wird der Flächeninhalt Z (§ 16, Erkl. 6) ähnlich bestimmt wie H oder Z_1 in Lehrs. 1 und 2, so können die Werte O und U bestimmt werden durch G, D, Z und z. Prismatoide gleicher Höhe, welche hierin übereinstimmen, sind also raumgleich. § 18, Aufg. 3, Folg. 1 oder 2.

Anmerkung 1. Es ist $\triangle EFC = z^2 \cdot \triangle BDC$; die Summe dieser Dreiecke also $O \cdot z^2$. Auch ist das Trapez $AGEC = \triangle ABC - \triangle GBE = \triangle ABC - (1-z)^2 \cdot \triangle ABC$; die Summe dieser Trapeze also $U - U(1-z)^2$. Werden diese beiden Summen wie in Lehrs. 1 von G abgezogen, so erhält man $Z = G - 2U \cdot z + (U - O) \cdot z^2$. Hieraus erhellt, dass die Werte U und O eines Prismatoids für jede Projektionsrichtung konstant sind.

Anmerkung 2. Ist die Höhe des Parallelschnitts über der Grundfläche y, also $y = zh$ oder $z = \dfrac{y}{h}$, so wird $z = G - \dfrac{2U}{h} \cdot y + \left(\dfrac{U-O}{h^2}\right) \cdot y^2$. Hierin sind die Zahlen G, und $\dfrac{2U}{h}$ und $\dfrac{U-O}{h^2}$ nur abhängig von der Gestalt des Prismatoids, für alle Parallelschnitte also dieselben, während y für jeden Parallelschnitt seinen besonderen Wert hat. Dies wird folgendermassen ausgedrückt: Im Prismatoid ist der Flächeninhalt eines jeden Parallelschnitts ein Ausdruck (Funktion) zweiten Grades seiner Schnitthöhe über der Grundfläche.

Anmerkung 3. Ist für einen beliebigen Körper der Flächeninhalt eines jeden Parallelschnitts ein Ausdruck zweiten Grades der Schnitthöhe über der Grundfläche, so gilt dies auch für eine Zone des Körpers, d. h. einen Teil, welcher von zwei Parallelschnitten begrenzt wird. Ist nämlich für diesen Körper $Z = A + Bz + Cz^2$, wo z die Schnitthöhe ist, und hat die Grundfläche der Zone den Abstand a von der Grundebene, einer ihrer Parallelschnitte aber den Abstand y von der Grundfläche der Zone, so ist $z = a + y$, und der Flächeninhalt des Parallelschnittes

$$Z = A + B(a+y) + C(a+y)^2 \text{ oder}$$
$$Z = A + Ba + Ca^2 + (B + 2Ca)y + Cy^2.$$

Hierin sind die drei Koëffizienten $A + Ba + Ca^2$, $(B + 2Ca)$ und C Werte, welche durch die Gestalt der Zone bedingt sind.

Aufgabe 4. Einen beliebigen Körper in ein Prisma zu verwandeln.

Man teile die Seiten des Körpers soweit erforderlich durch Diagonalen in Dreiecke und betrachte den Körper als nur von Dreiecken begrenzt. Projiziert man nun den Körper auf eine Ebene, welche ihn nicht schneidet, so steht unter jeder Seite ein dreiseitiges, im allgemeinen schiefabgeschnittenes Prisma.

Bildet man die Summe der Prismen, mit positiven Projektionen als Grundflächen, und zieht von ihr die Summe der Prismen, mit negativen Projektionen als Grundflächen, ab, so erhält man als Rest den vorgelegten Körper. Jetzt verwandele man jedes dieser Prismen nach § 17, Lehrs. 2 in ein vollständiges, und hat den Inhalt des Körpers dargestellt als Summe bezüglich Differenz von Prismen, welche in ein Prisma zu verwandeln ist.

Lehrsatz 4. Ähnliche Körper verhalten sich inhaltlich, wie die Kuben homologer Linien.

B e w e i s. Verwandelt man die beiden Körper in eine Summe bezüglich Differenz von geraden Prismen und wählt die Grundebenen so, dass die homologen Eckenhöhen der beiden Körper sich wie $1 : n$ verhalten, wenn dies das Verhältnis der homologen Linien zu einander ist, so kann man jedes Prisma des einen Körpers n^3 mal in das homologe des anderen hineinsetzen.

§ 20.

Erklärung 1. Als Mass der Körper dient ein Würfel, dessen Kante der Längeneinheit gleich ist. Als diese gilt für gewöhnlich das Meter (m), deshalb werde hier ein Würfel, dessen Kante ein Meter lang ist, als Masseinheit gebraucht. (Kubikmeter: cbm.)

Erklärung 2. Den Inhalt eines Körpers ermitteln, heisst angeben: wie oft in ihm der Inhalt eines Kubikmeters enthalten ist.

Diese Zahl soll stets mit I bezeichnet werden, während eine Anzahl Meter, welche die Länge einer Linie angiebt, mit einem kleinen lateinischen Buchstaben bezeichnet werden soll.

A n m e r k u n g. Eine Gleichung beispielsweise $AB = c$ bedeute stets, eine Strecke AB sei c Meter lang.

§. 21.

Lehrsatz. Für ein Prisma ist:
$$I = Gh;$$
d. h. die Zahl I, welche angiebt, wie oft der Inhalt eines Kubikmeters in dem Prisma enthalten ist, wird gefunden, wenn man die Anzahl (G) Quadratmeter der Grundfläche mit der Anzahl (h) Meter der Höhe multipliziert*).

B e w e i s. Man verwandle das Prisma, § 18, Aufgabe 1, in einen rechtwinkligen Parallelflächner, dessen beide Grundkanten

---

*) In dieser Weise sind auch die folgenden Formeln zu verstehen.

je ein Meter lang sind. Die Grundfläche desselben ist dann ein Quadratmeter und die Höhenkante (nach zweimaliger Anwendung des planimetrischen Satzes über den Flächeninhalt des Rechtecks) Gh Meter lang; man kann also auf die Grundfläche soviel Kubikmeter in den Parallelflächner stellen, wie die Zahl Gh angiebt, mithin ist $I = Gh$.

> Anmerkung 1. Ist Gh eine gebrochene Zahl, so entspricht jedem Bruchteil eines Meters, welchen die Höhenkante lang ist, derselbe Bruchteil eines Kubikmeters.
>
> Anmerkung 2. Ist Gh eine irrationale Zahl, so kann man dieselbe als einen unendlichen Dezimalbruch auffassen und findet nach Anmerkung 1 als Inhalt des Körpers eine Summe von unendlich vielen Bruchteilen eines Kubikmeters, deren Summe dieselbe ist wie Gh.

Folgerung 1. Sind die in einer Ecke zusammenstossenden Kanten eines rechtwinkligen Parallelflächners a, b und c Meter lang, so ist für diesen $I = abc$, da dann $G = ab$ und $h = c$ gesetzt werden kann.

Rauminhalt eines Würfels, dessen Kanten ein echter Bruchteil eines Meters ist.

Kubikdezimeter, Kubikzentimeter und Kubikmillimeter.

Wie viel von jedem dieser Würfel können in ein Kubikmeter gestellt werden?

> **Zusatz 1.** Für jedes Prisma ist $I = Qk$, wenn k die Länge der Seitenkanten und Q der Querschnitt desselben ist.
>
> Beweis. Wird ein gerades Prisma mit derselben Grundfläche Q und der Höhe k und das gegebene je mit einer homologen Seite in dieselbe Grundebene gelegt, so sind die Parallelschnitte zu dieser durch beide Körper in jeder, beziehentlich gleicher, Höhenlage flächengleich.
>
> **Zusatz 2.** Der Flächeninhalt der Normalprojektion eines ebenen Vielecks ist gleich dem Produkt aus dem Flächeninhalt desselben und dem Cosinus des Neigungswinkels (α) beider Ebenen.
>
> Beweis. Ist das Vieleck (F) die Grundfläche eines schiefen Prismas mit der Seitenkante k und der Höhe h, so ist seine Normalprojektion (N) der Querschnitt des Prismas, also $I = Fh = Nk$
>
> oder $N = F \dfrac{h}{k} = F \cos \alpha.$ § 11, Zus. Folg.

Folgerung 2. Für jedes dreiseitige schiefabgeschnittene Prisma ist $I = Gs$; § 17, Lehrs. 5 und Erkl. 1.

> **Zusatz 3.** Für jedes dreiseitige schiefabgeschnittene Prisma ist $I = Qk$, wenn Q der Querschnitt und k die Schwerkante d. h. die Verbindungslinie der Schwerpunkte*) beider Grundflächen ist.
>
> Beweis. Nach Zusatz 2 ist $G = \dfrac{Q}{\cos \alpha}$, wenn α der Neigungswinkel der Ebene G und Q ist; da aber $s = k \cos \alpha$ (§ 8, Lehrs. 1, § 11, Zus. Folg.), so ist $I = Gs = Qk$.

---

*) Der Durchschnittspunkt der drei Transversalen.

Folgerung 3. Für jede Pyramide ist $I = \frac{1}{3} G h.$ § 17, Zus., Folg. 1.

Folgerung 4. Für jedes Prismatoid ist:

$a)\quad I = \frac{h}{3} (3D + 2O + U) \quad$ § 18, Folg. 1.

oder:

$b)\quad I = \frac{h}{3} (2D + O + G) \quad$ § 18, Folg. 2.

oder:

$\dagger\ c)\quad I = \frac{h}{6} (G + 4H + D) \quad$ § 19, Lehrs. 1.

oder:

$\dagger\ d)\quad I = \frac{h}{4} (D + 3Z_1) \quad$ § 19, Lehrs. 2.

oder:

$\dagger\ e)\quad I = \frac{h}{4} (G + 3Z_2) \quad$ § 19, Lehrs. 2, Zus.

oder:

$\dagger\ f)\quad I = \frac{h}{6} \left(\frac{3z-1}{z} G + \frac{2-3z}{1-z} D + \frac{1}{z(1-z)} Z \right)^*).$

Diese Formel ergiebt sich, wenn man U aus den beiden Gleichungen $G = D + O + U$, § 16, Erkl. 7, Anm. 2 und $Z = G - 2Uz + (U - O)z^2$, § 19, Lehrs. 3, Anm. 1 eliminiert und den für O gefundenen Wert in $b)$ einsetzt.

Folgerung 5. Für jeden Körper ist $I = \Sigma Ps$, wenn, nach § 19, Aufg. 4, P der Reihe nach die Projektionen der Seiten, s die Schwerpunktshöhen der betreffenden Deckflächen bezeichnet, und die Zeichenregel § 16, Erkl. 7, Anm. 1 beobachtet wird.

Aufgabe 1. Den Rauminhalt eines schiefabgeschnittenen Parallelflächners zu bestimmen**).

Man teile den Parallelflächner durch eine Diagonalebene in zwei dreiseitige schiefabgeschnittene Prismen. Die beiden Höhen bestimmen ein Trapez, dessen Mittelparallele die Höhe des Durchschnittspunktes der Deckflächendiagonalen über der Grundfläche ist.

Man erhält $I = Gs$, nach Folg. 2. Oder auch in ähnlicher Weise $I = Qk$, nach Zus. 3.

Aufgabe 2. Den Rauminhalt eines schiefabgeschnittenen Prismas zu bestimmen, wenn die Grundfläche ein regelmässiges Vieleck ist.

Man teile die Grundfläche in die **halben** Bestimmungsdreiecke

---

*) Weitere Formen s. in d. Wissensch. Beilage z. Programm d. Dorotheenstädt. Realschule. O. 1882. „Die Inhaltsermittelung der Körper aus ihren Projektionen." S. 9.

**) Rein geometrisch, ebenda S. 6.

und projiziere diese parallel den Seitenkanten auf die Deckfläche. Die projizierenden Ebenen teilen das Prisma in dreiseitige Prismen, deren Höhen paarweis ein Trapez bestimmen, dessen Mittelparallele die Höhe des Deckflächen-Mittelpunkts über der Grundfläche ist. Man erhält $I = Gs$ nach Folg. 2; oder auch in ähnlicher Weise $I = Qk$, nach Zus. 3, wenn k die Verbindungslinie der Mittelpunkte beider Grundflächen ist.

Ebenso erhält man für den Mantel (M), d. h. für die Summe der Seitenflächen, $M = uk$, wenn u der Umfang eines Normalschnittes ist.

Folgerung 6. Für jeden Körper ist:

$$I = \Sigma\, P\left(\frac{h_1 + h_2 + h_3}{3}\right). \quad \S\ 13,\ \text{Aufg. 3.}$$

Erklärung. Wird von einem schiefabgeschnittenen Prisma durch eine Ebene, welche innerhalb desselben die Deckfläche, aber nicht die Grundfläche schneidet, ein Teil abgeschnitten, so heisst der Restkörper, d. h. der, welchem die Grundfläche verbleibt, M e i s s e l; die Gerade, in welcher sich die beiden Deckflächen schneiden, S c h n e i d e desselben.

Ist die Schneide parallel der Grundfläche, so heisst ihr Abstand von der Grundfläche H ö h e des Meissels.

Ist das Prisma ein gerades, die Grundfläche ein regelmässiges Vieleck mit gerader Seitenzahl, die Schneide einem Durchmesser desselben parallel, und beide Deckflächen zur Grundfläche gleich geneigt, so lässt sich der Meissel durch die Normalprojektion der Schneide in zwei kongruente und dann durch eine Ebene senkrecht zu dieser und der Grundfläche in vier kongruente Teile*) zerlegen.

Aufgabe. Unter vorstehender Voraussetzung den Inhalt eines Meissels mit der Höhe h zu ermitteln, wenn die Grundfläche ein $2n$-Eck oder ein $4n$-Eck ist.

Ist die Grundfläche ein Quadrat oder ein Sechseck, so ist der Meissel ein Keil. Vergl. § 22, Aufg. 2.

B e i s p i e l 1. Die Grundfläche ist ein regelmässiges Zehneck. Es sei $ABCDE$ Fig. 10 der Grund- und AFB der Aufriss eines Quadranten des Meissels (d. h. des angeschärften Teiles). Werden die Bestimmungsdreiecke der Grundfläche parallel den Seitenkanten auf die Deckfläche projiziert, so teilen die Projektionsebenen den Quadranten in drei schiefabgeschnittene Prismen: 1. mit der Grundfläche $ABC = \frac{1}{16}\, r^2 \sqrt{10 + 2\sqrt{5}}$, 2. und 3. mit den Grundflächen $CAD = DAE = \frac{1}{8}\, r^2 \sqrt{10 + 2\sqrt{5}}$, während die Eckenhöhen teils Null, teils $D_1 D_2$, teils AF sind. Es ist nun $\dfrac{D_1 D_2}{AF} = \dfrac{BD_1}{BA} = \dfrac{CG}{CA}$,

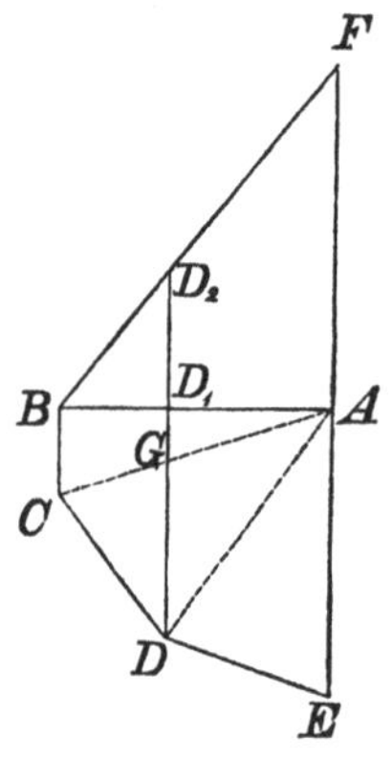

---

*) Diese können auch als schiefabgeschnittene Prismatoide berechnet werden. Vergl. § 23.

und, da aus Gleichheit der Winkel $\triangle\, CDG \backsim CAD$, $\dfrac{CG}{CD} = \dfrac{CD}{CA}$,

mithin $\dfrac{CG}{CA} = \left(\dfrac{CD}{CA}\right)^2 = \dfrac{1}{2}\,(3 - \sqrt{5})$, also $D_1 D_2 = \dfrac{h}{2}\,(3 - \sqrt{5})$.

Hiernach ist aber der Inhalt

des ersten Prismas $\dfrac{1}{16}\,r^2\,\sqrt{10 + 2\sqrt{5}} \cdot \dfrac{h}{3}$

„ zweiten „ $\dfrac{1}{8}\,r^2\,\sqrt{10 + 2\sqrt{5}} \cdot \left(\dfrac{h + \dfrac{h}{2}\,[3 - \sqrt{5}]}{3}\right)$

„ dritten „ $\dfrac{1}{8}\,r^2\,\sqrt{10 + 2\sqrt{5}} \cdot \left(\dfrac{h + h + \dfrac{h}{2}\,[3 - \sqrt{5}]}{3}\right)$

und die vierfache Summe $I = r^2 h \cdot \left(\dfrac{13 - 2\sqrt{5}}{12}\right)\sqrt{10 + 2\sqrt{5}}$.

Beispiel 2. Die Grundfläche ist ein regelmässiges 12-Eck.

Es sei $ABCDE$ Fig. 11 der Grundriss und AFB der Aufriss ebenso wie Beispiel 1, Fig. 10; auch sei ebenso der Körper geteilt in drei Prismen mit den Grundflächen $BAC = CAD = DAE = \dfrac{1}{4}\,r^2$, während die Eckenhöhen teils Null, teils $C_1 C_2$, teils $D_1 D_2$, teils AF sind.

Es ist nun $AD_1 = \dfrac{1}{2}\,r$, mithin $D_1 D_2 = \dfrac{1}{2}\,h$, und $AC_1 = \dfrac{r}{2}\,\sqrt{3}$,

mithin $C_1 C = \left(1 - \dfrac{1}{2}\,\sqrt{3}\right) h$, also der Inhalt

Fig. 11.

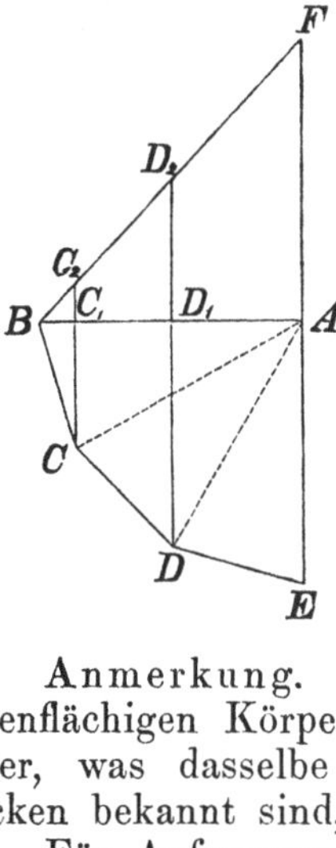

des ersten Prismas

$\dfrac{1}{4}\,r^2 \left(\dfrac{h + h\left[1 - \dfrac{1}{2}\,\sqrt{3}\right]}{3}\right)$

des zweiten Prismas

$\dfrac{1}{4}\,r^2 \left(\dfrac{h + h\left[1 - \dfrac{1}{2}\,\sqrt{3}\right] + \dfrac{1}{2}\,h}{3}\right)$

des dritten Prismas

$\dfrac{1}{4}\,r^2 \left(\dfrac{h + h + \dfrac{1}{2}\,h}{3}\right)$

und die vierfache Summe $I = r^2 h \left(\dfrac{7 - \sqrt{3}}{3}\right)$.

Anmerkung. Nach Folg. 6 kann der Inhalt eines jeden ebenflächigen Körpers, von dem Grund- Auf- und Seitenriss oder, was dasselbe ist, die rechtwinkligen Koordinaten der Ecken bekannt sind, ermittelt werden.

Für Aufmessungen ist die Aufgabe zurückgeführt auf die

Höhenbestimmung der Ecken des Körpers und die Ermittelung der Projektionen von Dreiecken, deren Seiten direkt gemessen werden können. Wird normal projiziert, so ist für diese Ermittelung nur die Kenntnis des Pythagoreischen Lehrsatzes und der Formel für den Inhalt eines Dreiecks aus seinen drei Seiten erforderlich (vergl. § 13, Aufg. 2).

Liegen mehrere dieser Dreiecke in einer Ebene, so hat man, wenn F der Flächeninhalt des einen und N der seiner Normalprojektion ist, für den Neigungswinkel α jener Ebene zur Grundebene

$$\cos \alpha = \frac{N}{F} = \sqrt{\frac{s_1 (s_1 - a_1) (s_1 - b_1) (s_1 - c_1)}{s (s - a) (s - b) (s - c)}}$$

(vergl. Folg. 1, Zus. 2 dieses § und § 13, Aufg. 2) und kann hiermit die Flächeninhalte der anderen Dreiecke multiplizieren, um die ihrer Normalprojektionen zu finden.

§ 22.

Für die Anwendung der Formel $I = \dfrac{h}{3} (2D + O + G)$ (§ 21, Folg. 4 b) gelten im allgemeinen folgende Regeln:

Man wähle zur Deckfläche diejenige der beiden Grundflächen, welche weniger Ecken hat, als die andere.

Man wähle die Projektionsrichtung so, dass negative Projektionen thunlichst vermieden werden.

Wenn eine Deckkante einer Grundkante parallel ist, projiziere man in der Richtung einer Seitenkante so, dass jene Deckkante in die parallele Grundkante fällt.

Für Aufmessungen bestimme man G durch Peripheriesieren, D durch Triangulation und $D + O$ (als eine Figur) nach der Trapezmethode.

Man erhält:

1. **Die Pyramide:** $I = \dfrac{1}{3} Gh.$

Es ist $D = 0$, $O = 0$. § 16, Erkl. 5.

2. **Der Keil:** $I = \dfrac{h}{3} (G + O).$

Es ist $D = 0$.

Ist die Schneide einer Grundkante parallel und auf diese projiziert, so ist in der Projektion nur ein Oberdreieck vorhanden.

Häufige Anwendung findet diese Formel bei Ermittelung eines Dachraums, wobei meist die Grundfläche ein Rechteck oder ein Trapez ist. Ist Fig. 12a der Grundriss, g_1 und g_2 die Länge der beiden parallelen Grundkanten AB und CD, b die Breite der Grundfläche, $EF = d$ die First des Daches,

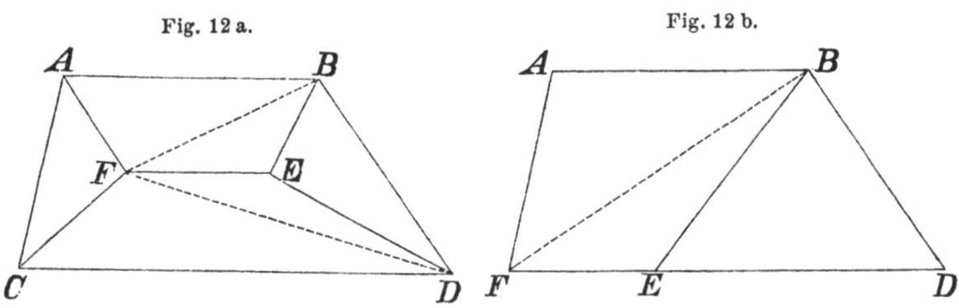

so ist, wenn F auf C projiziert wird, so dass Fig. 12b die Projektion ist,

$$G = (g_1 + g_2)\,\frac{b}{2}.$$

und (Fig. 12b) $\triangle FEB = O = \dfrac{db}{2}$, also:

$$I = \frac{bh}{6}\,(g_1 + g_2 + d)$$

oder auch $I = Q\,\dfrac{(a + b + c)}{3}$, wo a, b und c die Längen der parallelen Kanten und Q der Flächeninhalt des Querschnitts durch dieselben ist.

3. Das Prisma: $I = Gh$.

Es ist $D = G$ und, wenn die Deckfläche parallel den Seitenkanten projiziert wird, $O = 0$.

4. Der Obelisk.

Allgemeines lässt sich nicht angeben; für den Fall aber, dass die Grundflächen Rechtecke mit den Seiten (Fig. 13a)

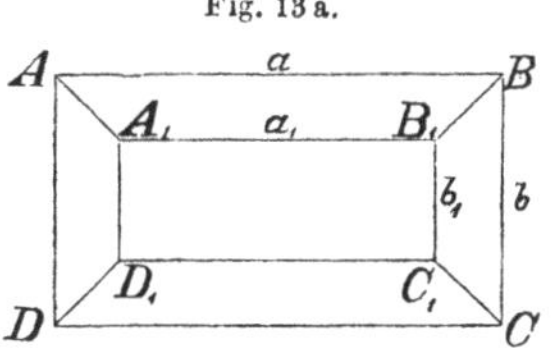

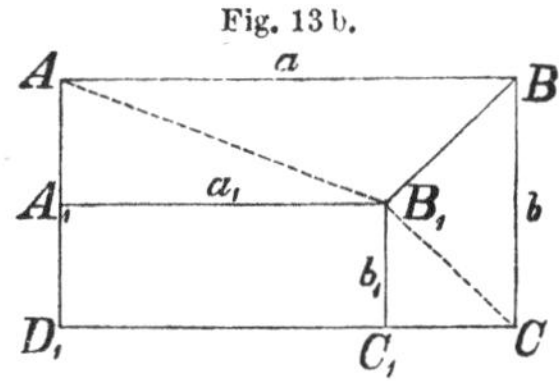

$AB = a$, $BC = b$ als Grundkanten, $A_1 B_1 = a_1$, $B_1 C_1 = b_1$ als Deckkanten sind, projiziere man parallel einer Seitenkante $(D_1 D)$ und erhält in der Projektion (Fig. 13b) zwei positive Oberdreiecke $A A_1 B_1$ und $B_1 C_1 C$. Es ist:

$$D = a_1 b_1$$

$$D + O = AD_1 C_1 B_1 + CC_1 B_1 = (b + b_1)\frac{a_1}{2} + \frac{b_1}{2}(a - a_1)$$

$$G = ab, \text{ mithin:}$$

$$I = \frac{h}{3}\left[a\left(b + \frac{b_1}{2}\right) + a_1\left(b_1 + \frac{b}{2}\right)\right].$$

5. Der Pyramidenstumpf.

Man projiziere parallel einer Seitenkante, dann ver
schwinden alle negativen Werte und es wird:

$$O + U = G - D.$$

Sind g_1, g_2, g_3 u. s. w. die Grund-
d_1, d_2, d_3 u. s. w. die Deckkanten,
O_1, O_2, O_3 u. s. w. die einzelnen Ober-
U_1, U_2, U_3 u. s. w. die einzelnen Unterdreiecke (in
der Projektion), so haben die O_1 und U_1, O_2 und U_2 u. s. w.
gleiche Höhen, verhalten sich also wie ihre Grundlinien d. i.

$$\frac{U_1}{O_1} = \frac{g_1}{d_1}, \quad \frac{U_2}{O_2} = \frac{g_2}{d_2}, \quad \frac{U_3}{O_3} = \frac{g_3}{d_2} \quad \text{u. s. w.}$$

Da aber:

$$\frac{g_1}{d_1} = \frac{g_2}{d_2} = \frac{g_3}{d_3} \dots = \frac{\sqrt{G}\,{}^{*)}}{\sqrt{D}},$$

mithin:

$$\frac{U_1 + U_2 + U_3 \dots}{O_1 + O_2 + O_3 \dots} = \frac{U}{O} = \frac{\sqrt{G}}{\sqrt{D}},$$

so ist:

$$U = O\,\frac{\sqrt{G}}{\sqrt{D}}.$$

Wird hiermit U aus der obigen Gleichung eliminiert, so wird:

$$O = \frac{(G - D)\sqrt{D}}{\sqrt{G} + \sqrt{D}} = (\sqrt{G} - \sqrt{D})\sqrt{D} = -D + \sqrt{GD},$$

d. i. $I = \frac{h}{3}(G + \sqrt{GD} + D)$ oder, wenn G sich nur um-
ständlich ermitteln lässt, aber zwei sich entsprechende Grund-
und Deckkanten (g und d) gemessen sind, da $\frac{G}{D} = \frac{g^2}{d^2}\,{}^{*)}$:

$$I = \frac{Dh}{3d^2}(g^2 + gd + d^2) = \frac{Dh}{3}\left(\frac{g^2}{d^2} + \frac{g}{d} + 1\right).$$

----

*) § 16, Erkl. 4, Schluss.

6. **Ein unregelmässig geböschter Damm** zeige als Grundriss Fig. 14a. Man projiziere eine Deckkante auf ihre parallele Grundkante, so dass Fig. 14b die Projektion ist.

Fig. 14a. Fig. 14b.

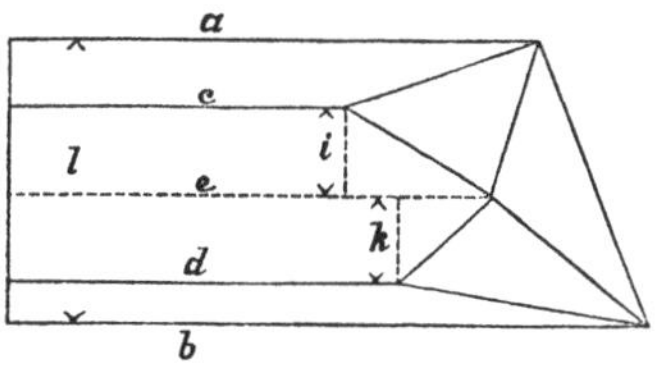

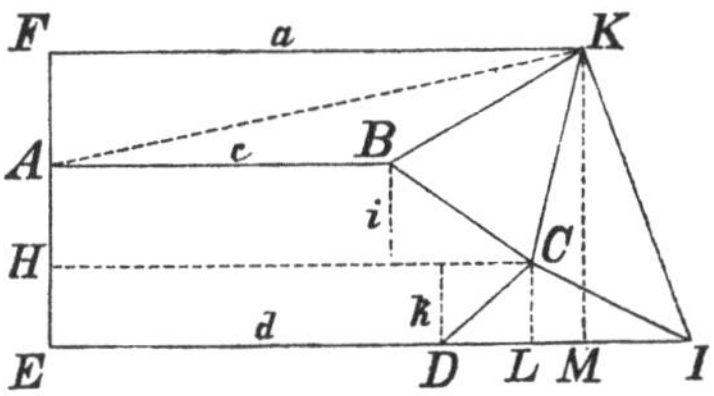

Es ist:

$$G = FKIE,$$
$$D = ABCDE = ABCH + EDCH.$$
$$D + O = AKCIE = AKME - MLCK + CLI.$$

Es sei $FK = a$, $EI = b$, $AB = c$, $ED = d$, $HC = e$, $EF = l$, $AH = i$, $EH = k$. Dann ist:

$$G = (a + b)\,\frac{l}{2}$$

$$D = (c + e)\,\frac{i}{2} + (e + d)\,\frac{k}{2}$$

$$D + O = (i + k + l)\,\frac{a}{2} - (l + k)\,\frac{a - e}{2} + (b - e)\,\frac{k}{2},$$

mithin:

$$I = \frac{h}{6}\left\{ l\,(a + b + e) + i\,(a + c + e) + k\,(b + e + d) \right\}.$$

7. **Wegrampen.** Wird ein Weg über einen horizontalen Damm geführt unter einem rechten Winkel, so ist die Rampe ein Keil.

Es sei die Höhe des Dammes h, die Breite des Weges (Kronenbreite) b, die Steigung der Rampe $1 : m$, der Böschung $1 : n$.

Ist im Grundriss Fig. 15 $\overline{AB}$ die Schneide, $EFCD$ die Grundfläche, so projiziere man $\overline{AB}$ auf $\overline{CD}$, dann wird $G = (\overline{EF} + \overline{CD}) \cdot \dfrac{\overline{DH}}{2}$ und das eine Oberdreieck $\dfrac{\overline{CD} \cdot \overline{HD}}{2}$, also:

$$I = \frac{h}{6}\,(\overline{EF} + 2\,\overline{CD}) \cdot \overline{HD}.$$

Bei Aufmessungen ist $\overline{EF} = \overline{CD} + 2\,\overline{HF}$ und CD, HF, HD leicht zu bestimmen.

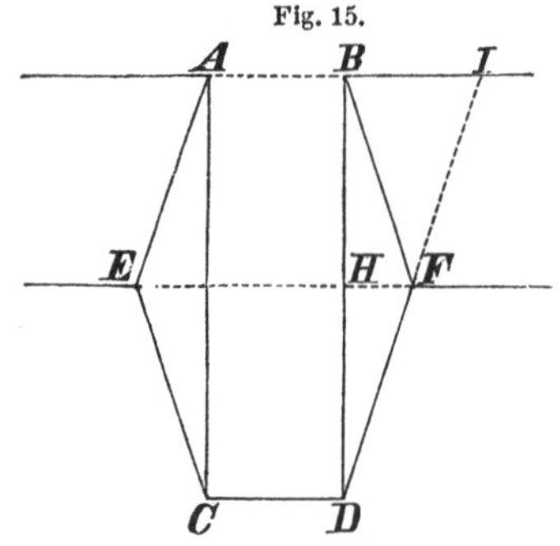

Fig. 15.

Ist die Rampe zu veranschlagen, so findet man für den Fall, dass sie sich an eine senkrechte Wand lehnt, also im Grundriss AB in EF liegt:

$$HF = nh, \quad EF = b + 2nh, \quad HD = mh,$$

also:

$$I = \frac{mh^2}{2}(3b + 2nh).$$

Ist aber der Damm ebenfalls und zwar im Verhältnis von $1 : n$ geböscht, so wird:

$$BH = BI = nh^*), \quad BD = mh, \quad HD = (m - n)\,h,$$

$$\frac{HF}{BI} = \frac{HD}{BD} = \frac{m - n}{m}$$

$$HF = \frac{m - n}{m} \cdot nh$$

$$EF = b + \frac{2n}{m}\,h\,(m - n)$$

$$I = \frac{(m - n)\,h^2}{6}\left(3\,b + \frac{2nh}{m}\,[m - n]\right).$$

Schneidet der Weg den Damm unter einem spitzen Winkel β, so ist er, um seine Breite stets horizontal zu halten, über den Damm in dessen Höhe mindestens so weit fortzuführen, dass die Deckfläche der Rampe ein rechtwinkliges Dreieck wird, von dem die eine Kathete die Breite b des Weges und der ihr gegenüberliegende Winkel gleich β ist, so dass der Grundriss Fig. 16 a entsteht, worin $X_2 X_5$ der obere, $Y_1 Y_5$ der untere Rand des Dammes ist.

Die Aufgabe zerfällt in folgende Teile:

I. Entwurf des Grundrisses,

II. Festlegung der Eckpunkte der Rampe im Terrain,

III. den Rauminhalt der Rampe veranschlagen,

IV. den Rauminhalt der fertigen Rampe ausmessen.

I. $AC = b = Y_2 Y_3$, $\measuredangle ABC = \beta$, $\measuredangle ACB = R$, $AB = c = \dfrac{b}{\sin \beta}$, $BC = a = b \operatorname{ctg} \beta$, $AY_2 = CY_3 = mh$, $YA =$

---

*) Soll die Rampe wirklich im Verhältnis von $1 : n$ geböscht sein, so müsste nicht BI, sondern ein Lot von B auf DI gleich nh sein, es ist aber gebräuchlich, wie oben zu rechnen.

$$CY_4 = AA_1 = nh, \quad \angle\, BY_3Y_4 = \gamma, \quad \mathrm{tg}\,\gamma = \frac{n}{m}\,{}^*).$$ — Es ist
$Y_4Y_5 \parallel CB$. Die Punkte A, B und C liegen h Meter über der Horizontalebene.

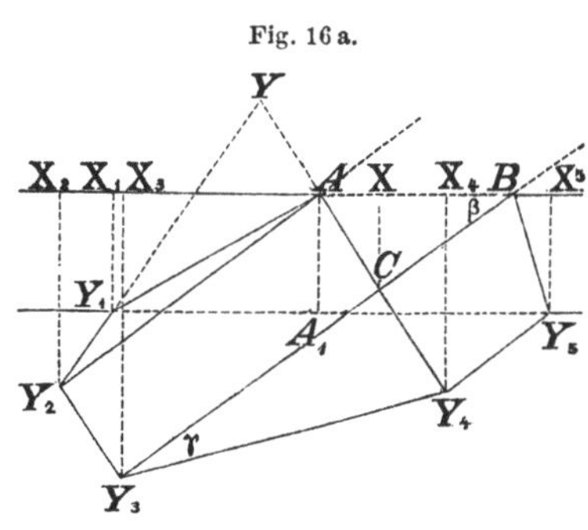
Fig. 16 a.

Ist $(b + nh) \cdot \mathrm{ctg}\,\beta < nh$, so liegt Y_4 wie in der Figur ausserhalb der Dammböschung, anderenfalls innerhalb. Dann ist die Grundfläche ein Viereck.

II. Die Lage der Ecken in der horizontalen Ebene wird am einfachsten gefunden, wenn AB als Abscissen-Achse und A als Anfangspunkt genommen wird. Die so berechneten Ordinaten müssen um nh vermindert werden, da die Absteckung nach dem unteren Rande des Dammes zu richten ist.

Bezeichnet man mit x_1, y_1, x_2, y_2 u. s. w. die Koordinaten der Punkte Y_1, Y_2 u. s. w.; bezogen auf den unteren Rand des Dammes als Achse und A_1 (die Normalprojektion von A, s. Figur) als Anfangspunkt, so hat man:

$$y_2 = mh \sin \beta - nh$$
$$y_3 = b \cos \beta + y_2 = b \cos \beta + mh \sin \beta - nh$$
$$y_4 = (b + nh) \cos \beta - nh.$$

Für die Abscissen hat man:

$$x_2 = mh \cos \beta$$
$$x_2 - x_1 = y_2 \,\mathrm{ctg}\,(\beta + \gamma) = y_2\,\frac{m \cos \beta - n \sin \beta}{m \sin \beta + n \cos \beta}$$
$$x_2 - x_3 = b \sin \beta$$
$$x_4 = [b + nh] \sin \beta$$
$$x_5 - x_4 = y_4\,\mathrm{ctg}\,\beta \qquad \text{und hieraus:}$$
$$x_3 + x_4 = h\,(m \cos \beta + n \sin \beta)$$
$$x_2 + x_5 = y_4\,\mathrm{ctg}\,\beta + (b + nh) \sin \beta.$$

Die Lage von C ist bestimmt durch $AX = x = b \sin \beta$ und $CX = h_1 = b \cos \beta$.

Ist $b \cos \beta < nh$, so liegt C ausserhalb des Dammes, anderenfalls schneidet seine Projizierende die Dammböschung in einem Punkte, dessen Höhe über der Horizontalebene

---

*) Eigentlich sollte $\sin \gamma = \dfrac{n}{m}$ sein.

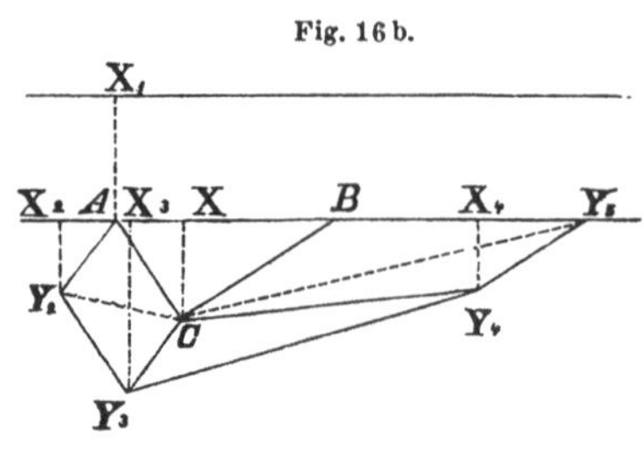

$\dfrac{nh - b \cos \beta}{n}$, dessen schiefe Höhe auf der Dammböschung gemessen

$$\dfrac{nh - b \cos \beta}{n} \sqrt{1 + n^2} \text{ ist.}$$

III. Wird in der Richtung AY_1 projiziert, so dass Fig. 16 b der neue Riss ist, dann hat man:

$$G = X_2 X_3 Y_3 Y_2 - X_2 A Y_2 + X_3 X_4 Y_4 Y_3 + X_4 Y_5 Y_4$$
$$2G = (x_2 - x_3)(y_2 + y_3) - (x_2 - x_1) y_2 +$$
$$(x_3 + x_4)(y_3 + y_4) + (x_5 - x_4) y_4$$
$$D + O = \triangle ACY_5 + \triangle ACY_2$$
$$2 \triangle ACY_5 = (x_1 + x_5) h_1$$
$$2 \triangle ACY_2 = ([x_2 - x_1] + x)(h_1 + y_2) - y_2 ([x_2 - y_1] - h_1 x)$$
$$= [x_2 - x_1] h_1 + x y_2$$
$$2D = c h_1.$$

Also:

$$2(2D + O + G) = h_1 (x_2 + x_5 + c) + (x_1 - x_3)(y_2 + y_3) -$$
$$(x_2 - x_1 - x) y_2 + (x_3 + x_4)(y_3 + y_4) + (x_5 - x_4) y_4.$$

IV. Unter Benutzung vorstehender Formeln und der Fig. 16 b messe man XC, x und h_1 auf der Deckfläche und bestimme G durch Peripherisieren. Hierbei ergiebt sich y_2 und $X_2 Y_5 = x_2 + x_5 = l$.

Man hat: $2(2D + O) = h(l + c) + x y_2$, mithin

$$I = \frac{h}{6} (h_1 [l + c] + x y_2 + 2G).$$

8. Aufgaben.

1. Den Rauminhalt einer schwebenden Pyramide zu berechnen. Eine schwebende Pyramide ist ein Prismatoid, von welchem in der Grundfläche zwei und in der Deckfläche zwei Eckpunkte liegen, d. h. ein Keil mit zwei sich kreuzenden (§ 2, Erkl. 1) Schneiden. Jede dreiseitige Pyramide kann als schwebende betrachtet werden.

Es ist $D = 0$, $G = 0$ und wenn in der Richtung einer Seitenkante projiziert wird, $O = \dfrac{ab}{2} \sin \gamma$, wenn a und b die Schneiden, und γ den Winkel, welchen sie bilden, bezeichnet. § 3, Erkl. 6.

2. Den Rauminhalt eines Keiles berechnen und die drei Projektionen desselben zu zeichnen, wenn die Höhe und die Schneide gegeben, und die Grundfläche ein regelmässiges n-Eck ist, während die Schneide entweder einer Grundkante

oder einem Durchmesser des der Grundfläche umschriebenen Kreises parallel ist.

3. Den Rauminhalt eines Prismatoids mit gegebener Höhe zu berechnen und die drei Projektionen desselben zu zeichnen, dessen Grundfläche ein regelmässiges n-Eck ist, und dessen Deck-Ecken senkrecht über den Mitten der Grundkanten liegen.

Erklärung. Liegen alle (mehr als zwei) Deck-Ecken eines Prismatoids in einer Geraden, so heisst dasselbe ein **mehrschneidiger Keil.**

Nach § 16, Erkl. 4, 2 ist die Schneide eines Keils als ein Zweieck aufzufassen. Ist der Keil mehrschneidig, so wäre sie als Vieleck zu betrachten.

Aufgabe 4. Den Rauminhalt eines mehrschneidigen Keils zu berechnen, wenn die Höhe gegeben und der Grundriss ein $2n$-Eck ist, dessen Ecken auf einen kleinen oder auf einen grossen Durchmesser normal projiziert sind.

Im Grundriss bildet je ein Unterdreieck und ein Oberdreieck zusammen ein Trapez. Es muss zur vollständigen Bestimmung des Körpers noch gegeben sein, welche von den beiden Diagonalen jedes dieser Trapeze die Projektion einer Seitenkante ist.

Ist n so gross gegeben, dass die Grundfläche ein Kreis wird, so bildet je ein O und U zusammen ein Rechteck, mithin $O = U$, $D = 0$, also $O = \frac{1}{2} G$ d. i.

$$I = \frac{1}{2} Gh = \frac{r^2 \pi h}{2}$$

vergl. § 26, Lehrs. 1.

<h3 style="text-align:center">§ 23†.</h3>

Eine andere Art, den Rauminhalt eines Prismatoids zu ermitteln, ist folgende. Vergl. § 21, Folg. 6.

Man projiziere das Prismatoid normal auf eine Ebene, welche senkrecht*) auf den Grundflächen steht. Es verschwinden dann die Projektionen der Grundflächen, und es ist der Inhalt des Prismatoids gleich einer Summe schief abgeschnittener Prismen, die entweder ein Oberdreieck oder ein Unterdreieck zur Deckfläche haben. Haben die Ecken der Deckfläche die Höhen x_1, x_2 u. s. w., und die der Grundfläche y_1, y_2 u. s. w. über der Grundebene — steht p für die Projektion einer Deckkante, q für die einer Grundkante, so hat man die Projektion eines Oberdreiecks $\dfrac{p\,h}{2}$ und die eines Unterdreiecks $\dfrac{q\,h}{2}$. Sind die Eckenhöhen des Oberdreiecks,

---

*) Geeignetenfalls nehme man eine Grundebene zur Grundfläche geneigt. Ebenso kann man schief projizieren.

dessen Projektion $\dfrac{p\,h}{2}$ ist, x_1, x_2 und y, die des Unterdreiecks, dessen Projektion $\dfrac{q\,h}{2}$ ist, y_1, y_2 und x, so ist der Rauminhalt eines Prismas unter dem Oberdreieck $\dfrac{p\,h}{2}\cdot\dfrac{(x_1+x_2+y)}{3}$; der eines Prismas unter dem Unterdreieck $\dfrac{q\,h}{2}\cdot\dfrac{(y_1+y_2+x)}{3}$, mithin

$$I = \frac{h}{6}\left\{\, \Sigma\,p\,(x_1 + x_2 + y) + \Sigma\,q\,(y_1 + y_2 + x)\,\right\}.$$

Wird die Grundebene so gewählt, dass sie die Deckfläche schneidet, so lassen sich die p und die x durch Messungen auf der Deckfläche, die q und die y durch Peripheriesieren ermitteln. Teilt die Grundebene den Körper in zwei Teile, so berechne man jeden Teil für sich.

Beispiele: 1. Der in § 22, No. 4 behandelte Obelisk Fig. 13 a.

Der Obelisk ist nach § 19, Zus. gleich einem, dessen Grundriss Fig. 13 b zeigt. Wählt man die Grundebene durch AD_1, so ist der Obelisk gleich der Summe der beiden Prismen unter dem Oberdreieck B_1C_1C und dem Unterdreieck BB_1C; also

$$I = \frac{h}{6}\left\{\, b_1\,(2\,a_1 + a) + b\,(a_1 + 2\,a)\,\right\}.$$

2. Der in § 22, No. 6 behandelte Damm, Fig. 14 a.

Der Damm ist nach § 19, Zus. gleich einem, dessen Grundriss Fig. 14 b zeigt.

Wählt man die Grundebene durch FE, so ist der Körper gleich der Summe dreier Prismen, welche bezüglich unter den Dreiecken KCI, KBC und DCI stehen, mithin

$$I = \frac{h}{6}\left\{\, l\,(a + b + e) + i\,(a + c + e) + k\,(b + c + d)\,\right\}.$$

Das schiefabgeschnittene Prismatoid. Die Neigungsebene der beiden Grundflächen wähle man als Grundebene. Es sei p die Projektion einer Deckkante, q die einer Grundkante, x, x_1, x_2 u. s. w. die Entfernung der Deck-Ecken, y, y_1, y_2 u. s. w. die der Grund-Ecken von der Grundebene, z, z_1, z_2 u. s. w., e, e_1, e_2 u. s. w. die Entfernungen dieser Ecken vom Durchschnitt der Grundflächen, α der Neigungswinkel dieser beiden.

Unter einem Oberdreieck, dessen Eckenhöhen x_1, x_2 und

y sind, steht ein Prisma, dessen Grundfläche $\frac{1}{2}\, p\, e \sin \alpha$,

dessen Inhalt also $\frac{1}{6}\, (x_1 + x_2 + y)\, p\, e \sin \alpha$ ist. Unter

einem Unterdreieck, dessen Eckenhöhen y_1, y_2 und x sind,

steht ein Prisma, dessen Grundfläche $\frac{1}{2}\, q\, z \sin \alpha$, dessen

Inhalt also $\frac{1}{6}\, (y_1 + y_2 + x)\, q\, z \sin \alpha$ ist; mithin $I =$

$\frac{1}{6}\, (\Sigma\, p\, e\, [x_1 + x_2 + y] + \Sigma\, q\, z\, [y_1 + y_2 + x])\sin \alpha$.

Denkt man sich das Prismatoid von der Grundebene und von einer zweiten Ebene, senkrecht zu dieser und parallel dem Durchschnitt der beiden Grundflächen, geschnitten, so kann man die x und z auf der Deckfläche, die y und e auf der Grundfläche messen, wenn der Abstand der zweiten Ebene von dem Durchschnitt der beiden Grundflächen bekannt ist.

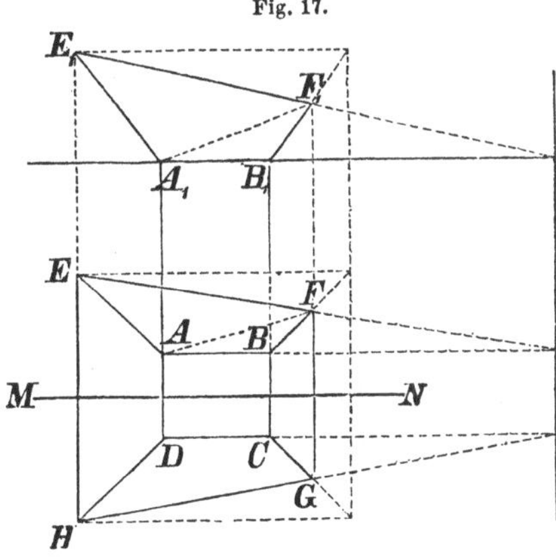

Fig. 17.

Bei Hohlräumen gestaltet es sich meist einfacher, wenn man die Projektionen direkt misst. Es werden z. B. bei Erdarbeiten häufig Karren verwendet, deren Kasten Figur 17 im Grund- und Aufriss zeigt.

Es sei Fig. 17 im Grundriss das Rechteck $ABCD$ der Boden, das gerade Trapez $EFGH$ die Deckfläche des Kastens. Der Aufriss $A_1 B_1 F_1 E_1$ halbiere die parallelen Kanten desselben, seine Ebene — ein Schnitt nach MN — werde als Grundebene genommen.

Man messe ausser $BC = a$, $EH = a_1$, $FG = a_2$ die Strecken $A_1 B_1$, $B_1 F_1$, $F_1 E_1$, $E_1 A_1$ und $A_1 F_1$ und berechne hieraus $\triangle\, A_1 F_1 E_1 = G_1$ und $\triangle\, A_1 B_1 F_1 = G_2$, dann ist:

$$I = \frac{1}{6}\, (G_1\, [a + a_1 + a_2] + G_2\, [a + a + a_2]).$$

§ 24.

Die Formeln, § 21, Folg. 4 d und e:

$$I = \frac{h}{4}\,(D + 3Z_1)$$

$$I = \frac{h}{4}\,(G + 3Z_2)$$

werden selten angewendet (vergl. 6 dieses §). Man kann von ihnen bei Schätzungen Gebrauch machen, z. B. in folgendem Falle:

1. Kennt man die Mächtigkeit einer Gesteinschicht an zwei Stellen, welche a Meter von einander entfernt sind, in so weit, dass G und Z_2 als bekannt anzusehen sind, so würde man über die Masse des Lagers in einer Ausdehnung von 1,5 a ein Urteil gewinnen.

2. Addiert man zu ihnen die Formel § 21, Folg. 4 c:

$$I = \frac{h}{6}\,(D + 4H + G),$$

so erhält man:

$$I = \frac{h}{36}\,(5D + 9Z_1 + 8H + 9Z_2 + 5G).$$

Diese Formeln lassen sich stets da mit Vorteil anwenden, wo unregelmässig geformte Körper als Prismatoide betrachtet und die erforderlichen Schnitte direkt gemessen werden können, z. B. bei Inhaltsbestimmungen unregelmässiger Gruben, oder wenn Körper (z. B. glockenförmige) eine derart regelmässige Form zeigen, dass an jeder Stelle aus dem Umfang der Inhalt des Schnittes bestimmt werden kann.

Die Formel $I = \frac{h}{6}\,(D + 4H + G)$ findet ferner zur angenäherten Inhaltsermittelung in folgenden Fällen Anwendung.

3. Ein Prismatoid, dessen Grundflächen kongruent, dessen Seitenkanten aber nicht parallel sind, heisst ein Antiprisma.

Bei einem solchen ist der Mittelschnitt stets grösser als jede Grundfläche, so dass es in der Mitte eine Verdickung zeigt, wie man aus dem Grundriss ersehen kann. Sind nun die Grundflächen regelmässige Vielecke mit einer grossen Anzahl Ecken, so hat der Körper ungefähr die Gestalt einer Tonne. Deshalb setzt man für diese, wenn d der Durchmesser der Grundflächen und u der Umfang der Tonne in halber Höhe, also $D = G = \dfrac{d^2\,\pi}{4}$, $H = \dfrac{u^2}{4\,\pi}$ ist,

$$I = \frac{h}{6} \left(\frac{d^2 \pi}{2} + \frac{u^2}{\pi} \right).$$

Ist δ der Durchmesser des Mittelschnitts (Spundtiefe), so hat man auch

$$I = \frac{h}{12} (d^2 + 2\delta^2)\, \pi.$$

4. Wird durch einen beliebigen ebenflächigen Körper durch jede Ecke ein Schnitt (G_0, G_1, G_2, G_3 u. s. w.) gelegt parallel einer irgendwie gewählten Ebene, so wird er in Prismatoide mit den Höhen h_1, h_2, h_3 u. s. w. zerlegt und es wird:

$$I = \frac{1}{6} (G_0 h_1 + G_1 [h_1 + h_2] + G_3 [h_2 + h_3] + 4[H_1 h_1 + H_2 h_2 + H_3 h_3 + \ldots])$$

wo H_1, H_2, H_3 u. s. w. die Schnitte in den Höhen

$$\frac{1}{2} h_1, \quad h_1 + \frac{1}{2} h_2, \quad h_1 + h_2 + \frac{1}{2} h_3$$

u. s. w. sind.

5. Wird die Höhe h eines Körpers in $2n$ gleiche Teile geteilt, deren jeder gleich a ist, also $h = 2na$, und durch jeden Teilpunkt ein Schnitt (F_0, F_1, F_2, $F_3 \ldots F_{2n}$) parallel einer Grundebene gelegt, so kann man die geraden Schnitte F_0, F_2, F_4 u. s. w. als Grundflächen von Prismatoiden (Höhe $2a$) betrachten, deren Mittelschnitte die ungeraden Schnitte des Körpers F_1, F_3, F_5 u. s. w. sind. Durch Addition dieser Prismatoide folgt:

$$I = \frac{a}{3} ([F_0 + 4F_1 + F_2] + [F_2 + 4F_3 + F_4] + \ldots)$$

oder:

$$I = \frac{a}{3} (F_0 + F_{2n} + 2[F_2 + F_4 + F_6 \ldots F_{2n-2}] + 4F_1 + F_3 + F_5 + \ldots F_{2n-1}]).$$

Diese unter dem Namen Simpsonsche Regel bekannte Formel dient z. B. zur Berechnung von Schiffsräumen und giebt desto genauere Resultate, je grösser die ganze Zahl n angenommen wird.

Sind die Schnittflächen Kreise mit den Halbmessern r_0, r_1, r_2 u. s. w., so wird:

$$I = \frac{a\pi}{3} (r_0^2 + r_{2n}^2 + 2[r_2^2 + r_4^2 + r_6^2 + \ldots r_{2n-2}^2] + 4[r_1^2 + r_3^2 + r_5^2 + \ldots r_{2n-1}^2]).$$

6. Man teile die Höhe des Körpers in $6n$ gleiche Teile, so dass $h = 6na$ ist. Werden durch jeden Teilpunkt Parallelschnitte F_0, F_1, F_2 u. s. w. gelegt, und je drei der entstandenen Schichten als ein Prismatoid aufgefasst, so hat man für

das unterste (§ 21, Folg. 4 d) $I = \dfrac{3\,a}{4}\,(F_3 + 3F_1)$ und für das

nächste (§ 21, Folg. 4 e) $I = \dfrac{3a}{4}\,(F_3 + 3\,F_5)$. Werden in

dieser Weise die Prismatoide paarweise genommen, so erhält man:

$$I = \frac{3}{4}\,a\,\big(2\,[F_3 + F_9 + \ldots + F_{3(2n-1)}] + 3\,[F_1 + F_5 + F_7 + F_{11} + \ldots + F_{6n-1}]\big).$$

Will man einen Körper aus $2n$ Prismatoiden zusammengesetzt betrachten, so hat man bei der Benutzung dieser Formel nur $3n$ Parallelschnitte, bei der Benutzung der Simpsonschen Regel dagegen $4n + 1$ Parallelschnitte zu messen.

VI. Krummflächige Körper.

§ 25.

Erklärung 1. Wird ein Kreis auf eine ihm parallele Grundebene projiziert, so heisst der Körper, welcher begrenzt wird von diesen beiden Kreisen (Grundflächen) und der Fläche (Mantel), in welcher die Projizierenden des Kreisumfanges liegen: Cylinder.

Der Abstand der beiden Grundflächen ist die Höhe (h), die Projizierende des Kreismittelpunktes die Achse, die Projizierenden der Peripherie heissen Seiten des Cylinders.

Der Cylinder heisst gerade oder schief, je nachdem die Achse senkrecht oder geneigt zur Grundfläche ist.

Eine Ebene durch die Achse eines Cylinders heisst ein Achsenschnitt. Der Achsenschnitt eines geraden Cylinders ist ein Rechteck.

Einen geraden Cylinder kann man sich entstanden denken durch Drehung eines Rechtecks um eine Seite desselben.

Man kann einen Cylinder als Prisma ansehen, dessen Grundflächen regelmässige Vielecke mit unendlich vielen und unendlich kleinen Seiten sind.

Sind die Grundflächen nicht Kreise, so heisst der Körper auch noch Cylinder (im weiteren Sinne).

Eine Ebene, welche der Grundfläche nicht parallel ist, schneidet den Cylinder im allgemeinen in einer Ellipse.

Die Achse eines schiefabgeschnittenen Cylinders ist die Verbindungslinie der Mitten beider Grundflächen.

Ein schiefabgeschnittener Cylinder heisst Cylinderhuf, wenn die Grundflächen sich in einem Punkte berühren.

Erklärung 2. Gleitet eine Gerade an einem Kreise, während einer ihrer Punkte fest liegt, so beschreibt sie den Mantel eines Kegels.

Der Kreis heisst Grundfläche (G), der feste Punkt Spitze des Kegels.

Die Verbindungslinie der Spitze mit dem Mittelpunkt des Kreises heisst Achse, eine Gerade von der Spitze zur Peripherie der Grundfläche Seite, ein Lot von der Spitze auf die Grundfläche Höhe (h) des Kegels.

Der Kegel heisst gerade oder schief, je nachdem die Achse senkrecht oder geneigt zur Grundfläche ist.

Eine Ebene durch die Achse heisst Achsenschnitt. Der Achsenschnitt eines geraden Kegels ist ein gleichschenkliges Dreieck.

Einen geraden Kegel kann man sich entstanden denken durch Drehung eines rechtwinkligen Dreiecks um eine Kathete desselben.

Man kann einen Kegel betrachten als eine Pyramide, deren Grundfläche ein regelmässiges Vieleck mit unendlich vielen und unendlich kleinen Seiten ist.

Ein Kegelstumpf heisst der Rest eines Kegels, von welchem durch einen Parallelschnitt, § 16, Erkl. 6, ein kleinerer Kegel abgeschnitten ist. Er lässt sich ebenfalls als Pyramidenstumpf betrachten.

Lehrsatz. Ein Parallelschnitt im Kegel ist ein Kreis.

Beweis. Man lege durch die Achse des Kegels zwei beliebige Ebenen. Die Durchschnitte dieser Ebenen mit dem Parallelschnitt sind denen mit der Grundfläche parallel, § 12, Lehrs. 1, Folg. u. s. w.

Erklärung 3. Sind sämtliche Punkte der Oberfläche eines Körpers von einem festen Punkte gleich weit entfernt, so heisst der Körper eine Kugel. Der feste Punkt heisst Mittelpunkt derselben.

Eine Gerade vom Mittelpunkt nach der Oberfläche heisst Radius oder Halbmesser (r). Eine Verbindungslinie zweier Punkte der Oberfläche, welche durch den Mittelpunkt geht, heisst Durchmesser.

Die Halbmesser, sowie die Durchmesser einer Kugel, sind gleich lang.

Man kann sich eine Kugel entstanden denken durch Umdrehung eines Halbkreises um seinen Durchmesser.

Lehrsatz 1. Der Durchschnitt einer Ebene mit einer Kugel ist ein Kreis. Der Mittelpunkt der Kugel liegt senkrecht über dem Mittelpunkt dieses Kreises.

Beweis. Man verbinde den Mittelpunkt der Kugel mit beliebigen Punkten des Durchschnitts und wende § 9, Lehrs. 2, Umkehrung an.

Erklärung 4. Der Durchschnitt einer Ebene mit einer Kugel heisst Kugelkreis.

Ein Kugelkreis, dessen Mittelpunkt mit dem der Kugel zusammenfällt, heisst grösster Kugelkreis.

Der Kugeldurchmesser, welcher senkreckt auf einem Kugelkreise steht, heisst Achse, seine Endpunkte Pole des Kugelkreises.

Lehrsatz 1. Parallele Kugelkreise haben eine gemeinsame Achse und gemeinsame Pole.

Lehrsatz 2. Kugelkreise einer Kugel, welche gleichen Abstand vom Mittelpunkt derselben haben, sind einander gleich; je grösser ihr Abstand vom Mittelpunkt ist, desto kleiner sind sie selbst.

Erklärung 5. Eine Ebene, welche senkrecht auf einem Radius in seinem Endpunkt errichtet ist, heisst eine Tangentialebene, auch berührende oder tangierende Ebene.

Erklärung 6. Ein Kugelkreis teilt eine Kugel in zwei Kugelabschnitte und seine Achse in die beiden Höhen derselben.

Die krumme Oberfläche eines Kugelabschnittes heisst Haube oder Kalotte.

Ein gerader Kegel, dessen Spitze mit dem Mittelpunkt der Kugel, und dessen Achse mit einem Radius zusammenfällt, schneidet aus der Kugel einen Kugelausschnitt heraus.

Der Teil einer Kugel, welcher durch zwei parallele Ebenen herausgeschnitten wird, heisst Zone. Der Abstand beider Ebenen heisst Höhe der Zone.

§ 26.

Lehrsatz 1. Für einen Cylinder ist

$$I = r^2 \pi h.$$

Beweis. Wird der Cylinder als Prisma angesehen, so hat man $I = Gh$; es ist aber $G = r^2 \pi$, wenn r den Radius der Grundfläche bezeichnet.

Folgerung. Für einen Hohlcylinder ist

$$I = \pi h (r + \varrho)(r - \varrho),$$

wenn r der äussere Radius, und ϱ der im lichten ist; oder

$I = dh\,(2\varrho + d)\,\pi$, wenn $d = r - \varrho$ die Wanddicke bezeichnet.

Zusatz. Für einen schiefabgeschnittenen Cylinder ist $I = Gs = r^2\pi s$, wenn s die Höhe des Deckflächen-Mittelpunktes über der Grundfläche ist, oder $I = Qa$, wenn a die Achse ist. Vgl. § 20, Aufg. 2.

Lehrsatz 2. Für den Flächeninhalt eines Cylindermantels ist
$$M = us,$$
wenn u der Umfang eines Normalschnittes und s die Länge der Cylinderseite ist.

Beweis. Wird der Cylinder als Prisma betrachtet, so ist sein Mantel die Summe der Seitenflächen des Prismas.

Folgerung. Für einen geraden Cylinder ist
$$M = 2r\pi h.$$

Zusatz. Für einen schiefabgeschnittenen Cylinder ist
$$M = ua.$$
Vergl. § 20, Aufg. 2.

Lehrsatz 3. Für einen Kegel ist
$$I = \frac{r^2\,\pi\,h}{3}.$$

Beweis. Wird der Kegel als Pyramide angesehen, so hat man (§ 22, 1) $I = \dfrac{Gh}{3}$; es ist aber $G = r^2\,\pi$, wenn r der Radius der Grundfläche ist.

Lehrsatz 4. Für den Mantel eines geraden Kegels ist
$$M = r\pi s,$$
wenn r den Radius der Grundfläche, und s die Seite des Kegels bezeichnet.

Beweis. Wird der Kegel als n-seitige Pyramide angesehen, so ist sein Mantel gleich der Summe der Seitenflächen der Pyramide. Diese Seitenflächen sind gleichschenklige Dreiecke mit der Grundline $\dfrac{2r\,\pi}{n}$ und dem Schenkel s.

Ist nun die Zahl n so gross gewählt, dass der Inhalt der Pyramide dem Inhalt des Kegels gleichgesetzt werden kann, so ist auch die Höhe jedes dieser gleichschenkligen Dreiecke gleich s, sein Inhalt also gleich $\dfrac{r\,\pi\,s}{n}$ und ihre Summe gleich $r\,\pi\,s$ zu setzen.

Lehrsatz 5. Für eine Kugel ist
$$I = \frac{4}{3}\,r^3\,\pi.$$

Beweis. Steht auf der Grundebene UV, Fig. 18, eine Halbkugel (Radius $MO = MQ = r$) mit dem sie begrenzenden grössten Kugelkreis als Grundfläche und ein schiefabgeschnittenes dreiseitiges Prisma mit gleicher Grundfläche ($\triangle ABC = r^2\pi$), dessen Deckfläche mit einer Ecke A in dieser, mit den beiden anderen, E und D, r Meter über ihr liegt, so sind beide Körper raumgleich. § 17, Lehrs. 2. Schneidet nämlich die Ebene XY parallel UV in der beliebigen Höhe $MN = zr$ (z ein echter Bruch) die Kugel in dem Kreise mit dem Radius NP, so ist $NP^2 = MP^2 - MN^2$ d. i. $NP^2 = (1 - z^2) r^2$ und der Flächeninhalt des Parallelschnittes $(1 - z^2) r^2 \pi$; schneidet ferner die Ebene XY das Prisma in dem Trapez $FGHI$, dessen kongruente Projektion BG_1H_1C ist, so hat man $\dfrac{BA}{G_1 A} = \dfrac{DB}{GG_1} = \dfrac{DB}{FB} = \dfrac{1}{z}$, mithin $\triangle H_1 G_1 A = z^2 \triangle ABC$ und für den Parallelschnitt durch das Prisma denselben Flächeninhalt wie für den durch die Kugel: $(1 - z^2) \triangle ABC = (1 - z^2) r^2 \pi$. Für das Prisma ist aber $I = Gs = G \cdot \dfrac{2}{3} r = \dfrac{2}{3} r^3 \pi$, § 21 Folg. 2 oder § 17 Zus., also für die ganze Kugel $I = \dfrac{4}{3} r^3 \pi$.

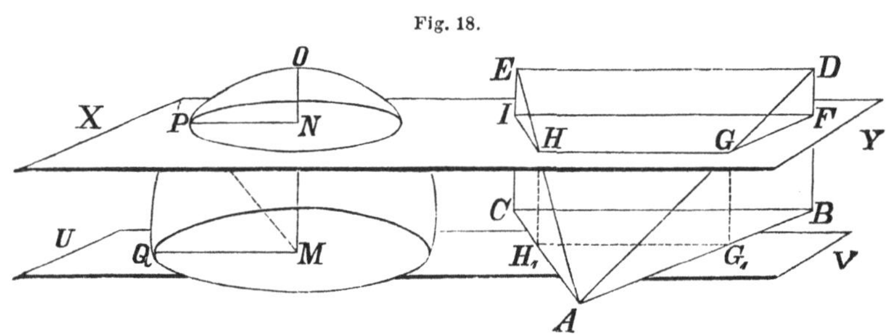

Fig. 18.

Zusatz. Kegel, Halbkugel und Cylinder über demselben Kreise als Grundfläche und mit gleicher Höhe verhalten sich inhaltlich wie $1 : 2 : 3$.

Aufgabe 1. Den Inhalt von Kugelteilen zu ermitteln:

1. Der Inhalt einer Hohlkugel wird berechnet als Differenz zweier Vollkugeln; also, wenn r der Radius im lichten und δ die Dicke der Wandung ist:

$$I = \frac{4}{3} \pi (\delta^3 + 3r \delta [r + \delta]).$$

2. Die Kugelzone ist der Zone gleicher Höhenlage des dreiseitigen schiefabgeschnittenen Prismas, vergl. Fig. 18, Lehrsatz 5, raumgleich nach § 17, Lehrs. 2. Die Zone eines Prismatoids ist aber selbst ein Prismatoid, also ist auch hier die Formel § 21, Folg. 4c $I = \dfrac{h}{6} (G + 4H + D)$ anzuwenden.

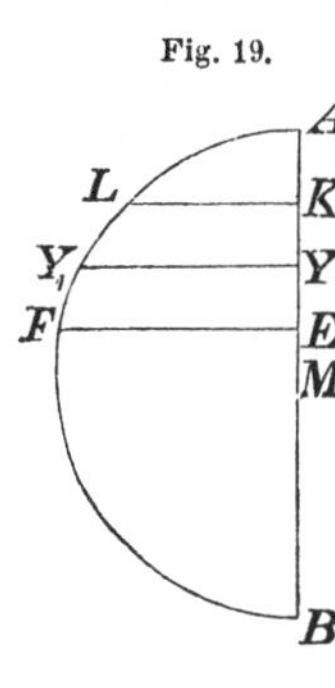
Fig. 19.

Ist die Kugel durch Umdrehung des Halbkreises AFB, Fig. 19, um den Durchmesser AB als Achse entstanden, liegt ferner die Zone zwischen den Kreisen mit den Radien $EF = a$ und $KL = b$, ist ihr Mittelschnitt der Kreis mit dem Radius $YY_1 = c$, und ist $KE = h$, so ist:

$$I = \frac{\pi h}{6}(a^2 + 4c^2 + b^2).$$

Ist ferner $AK = p$, $EB = q$, so ist
$$a^2 = q \cdot (p + h)$$
$$b^2 = p \cdot (q + h)$$

$$c^2 = \left(p + \frac{h}{2}\right) \cdot \left(q + \frac{h}{2}\right)$$

$4c^2 = 4pq + 2ph + 2qh + h^2$ und, da
$4pq + 2ph + 2qh = 2a^2 + 2b^2$, so ist:

$$I = \frac{\pi h}{6}(3a^2 + 3b^2 + h^2).$$

3. Für den Kugelabschnitt verschwindet der Radius des einen Begrenzungskreises, also:

$$I = \frac{\pi h}{6}(3a^2 + h^2) \text{ oder, da } a^2 = (2r - h)\,h,$$

$$I = \frac{\pi h^2}{3}(3r - h).$$

4. Addiert man hierzu den Kegel, dessen Grundfläche der Begrenzungskreis des Kugelabschnittes und dessen Spitze der Kugelmittelpunkt ist, so erhält man den Inhalt eines Kugelausschnittes. Da der Kegelinhalt $\dfrac{a^2 \pi\,(r - h)}{3}$ ist, wird für den Kugelausschnitt

$$I = \frac{2}{3}\,r^2 \pi\,h.$$

Ist der Kugelausschnitt eine Halbkugel, so wird für diese
$$I = \frac{2}{3}\,r^3 \pi \text{ wie oben.}$$

5. Werden von einer Kugel durch zwei parallele Ebenen, jede im Abstand a vom Mittelpunkt, zwei Abschnitte und ebenso im Abstande b ebenfalls zwei abgeschnitten, ohne dass sich die Schnittebenen innerhalb der Kugel schneiden, so ist für den Rest:

$$I = \frac{4}{3}\,r^3\pi - \frac{2}{3}\,\pi\,(r - a)^2\,(2r + a) - \frac{2}{3}\,\pi\,(r - b)^2\,(2r + b)$$

d. i.
$$I = \frac{2}{3}\,\pi\,(3r^2\,[a + b] - [2r^3 + a^3 + b^3]).$$

Eine Ebene, in welcher die Achsen der begrenzenden Kugelkreise liegen, teilt diesen Restkörper in zwei kongruente Teile, welche Kugelkappe oder böhmische Kappe heissen, wenn die Durchmesser $2a$ und $2b$ ein Rechteck bilden, welches als Grundfläche der Kappe gilt.

Es ist dann $b = \sqrt{r^2 - a^2}$.

Ist die Grundfläche ein Quadrat, so heisst die Kappe auch Hängekuppel, für sie ist:

$$I = \frac{2}{3}\,\pi\,(3\,a\,r^2 - [r^3 + a^3])\ \text{oder, da}\ a = r\sqrt{\frac{1}{2}},$$

$$I = \frac{1}{6}\,r^3\,\pi\,(-4 + 5\sqrt{2}).$$

Aufgabe 2. Die krummen Teile der Oberfläche (M, Mantel) von Kugelteilen zu ermitteln.

1. Zerlegt man einen Kugelausschnitt in unendlich viele Pyramiden, deren Grundflächen (G_1, G_2, G_3 u. s. w.) in dem Mantel des Kugelausschnittes (Haube, Kalotte) liegen, so muss man ihre Höhen gleich dem Radius rechnen und erhält ihre Summe als Inhalt des Kugelausschnittes, nämlich

$$\frac{r}{3}\,(G_1 + G_2 + G_3 + \dots) = \frac{2}{3}\,r^2\pi h \ \text{(Aufg. 1, No. 4), oder}$$

$$\frac{r}{3} \cdot M = \frac{2}{3}\,r^2\,\pi\,h \ \text{d. i. für die Kugelhaube:}$$

$$M = 2\,r\pi h.$$

2. Die Differenz zweier Kugelhauben mit den Höhen h_1 und h_2 giebt für den Mantel einer Kugelzone, deren Höhe $h = h_1 - h_2$ ist, $M = 2\,r\pi \cdot (h_1 - h_2)$, d. i.

$$M = 2\,r\pi h.$$

3. Wird $h = r$, so wird die Haube eine Halbkugel, also $M = 2\,r^2\pi$ und für die ganze Kugel:

$$\text{Oberfläche} = 4\,r^2\pi,$$

d. i. das Vierfache eines grössten Kugelkreises, oder ein Kreis, dessen Radius gleich dem Durchmesser der Kugel ist.

Zusatz 1. Der krumme Teil der Oberflächen dieser Körper ist also stets gleich einem der Kugel umschriebenen geraden Cylindermantel mit derselben Höhe.

Zusatz 2. Die krummen Teile der Oberfläche eines Kegels, einer Halbkugel und eines geraden Cylinders mit derselben Grundfläche und Höhe verhalten sich wie $\sqrt{2} : 2 : 2$.

Zusatz 3. Die Rauminhalte und die Gesamtoberflächen einer Kugel, eines umschriebenen geraden Cylinders und eines umschriebenen geraden Kegels, dessen Achsenschnitt ein gleichseitiges Dreieck ist, verhalten sich wie $4 : 6 : 9$.

4. Für den krummen Teil der Oberfläche einer Kugelkappe (Leibung) erhält man in ähnlicher Weise, wie Aufgabe 1, No. 5 den Rauminhalt,

$$M = 2r\pi\,(a + b - r),$$

und für die Hängekuppel

$$M = 2r^2\pi\,(-1 + \sqrt{2}\,).$$

§ 27.

Lehrsatz. Sind von einem Körper, dessen Schnitte parallel zu einer Grundebene inhaltlich durch einen Ausdruck zweiten Grades ihrer Schnitthöhe (§ 19, Anm. 2) bestimmt werden, die Flächeninhalte von drei solchen Schnittflächen aus ihren Schnitthöhen bekannt, so lässt sich jeder Parallelschnitt in gegebener Schnitthöhe berechnen.

Beweis. Ist von einem Körper für den Flächeninhalt (Z) eines Parallelschnittes in der Schnitthöhe z:

$$Z = A + Bz + Cz^2,$$

wo A, B und C Werte*) bezeichnen, welche durch die Gestalt des Körpers bestimmt sind, und kennt man die Flächeninhalte Z_1, Z_2, Z_3 in den Schnitthöhen z_1, z_2, z_3, so hat man für die drei Unbekannten A, B, C die drei Gleichungen:

$$Z_1 = A + Bz_1 + Cz_1^2,$$
$$Z_2 = A + Bz_2 + Cz_2^2,$$
$$Z_3 = A + Bz_3 + Cz_3^2.$$

Sind aus diesen A, B und C berechnet, so ist auch Z aus der allgemeinen Gleichung $Z = A + Bz + Cz^2$ für jedes z zu berechnen.

Zusatz. Zwei Körper, deren Schnitte parallel zu derselben Grundebene inhaltlich durch einen Ausdruck zweiten Grades ihrer Schnitthöhe bestimmt werden, sind raumgleich, wenn drei Schnitte in dem einen drei Schnitten gleicher Schnitthöhe in dem anderen flächengleich sind.

Beweis. Berechnet man nach vorhergehendem Lehrsatz die drei Werte A, B, C für jeden der beiden Körper, so müssen sie sich als gleich ergeben, also sind in beiden Körpern alle Parallelschnitte gleicher Schnitthöhe bezüglich flächengleich und die Körper raumgleich.

Folgerung 1. Ein Körper, dessen Schnitte parallel zu einer Grundebene inhaltlich durch einen Ausdruck zweiten Grades ihrer Schnitthöhe bestimmt sind, ist gleich einem Prismatoid,

---

*) Von diesen Werten können zwei Null sein; Beispiele: Prisma, Keil, Pyramide.

mit welchem er in Höhe, Grund- und Deckfläche und Mittelschnitt inhaltlich übereinstimmt.

Folgerung 2. Für jeden Körper, dessen Schnitte parallel
zu einer Grundebene inhaltlich durch einen Ausdruck zweiten
Grades ihrer Schnitthöhe bestimmt sind, ist

$$I = \frac{h}{6} \, (G + 4H + D),$$

wo G, H, D der Grundebene parallel sind.

§ 28.

Es lässt sich diese Formel, ausser auf die Kugel und
ihre Teile, noch auf folgende Körper anwenden:

1. Das Ellipsoid ist bestimmt durch seine drei Halbachsen a, b, c, welche sich in seinem Mittelpunkte rechtwinklig schneiden. Seine drei Achsenschnitte sind Ellipsen,
mit den Halbachsen bezüglich a und b, a und c, b und c.
Schnitte, parallel einem dieser Achsenschnitte, sind ebenfalls
Ellipsen.

Um den Flächeninhalt einer Ellipse mit den Halbachsen
a und b zu finden, projiziere man sie normal auf eine Grundebene, welche mit ihr einen Winkel bildet, dessen Cosinus
$\frac{b}{a}$ ist, und welche parallel der Achse b liegt. Es ist dann
die Normalprojektion der Ellipse ein Kreis mit dem Radius b.

Nach § 21, Zus. 2 ist $F = \dfrac{N}{\cos \alpha}$, also in diesem Falle

$$F = \frac{b^2 \pi}{\dfrac{b}{a}} = ab\pi.$$

Um eine Ellipse zu zeichnen, schlage man um ihren
Mittelpunkt M, Fig. 20, mit $MA = a$ und $MC = b$ Kreise.

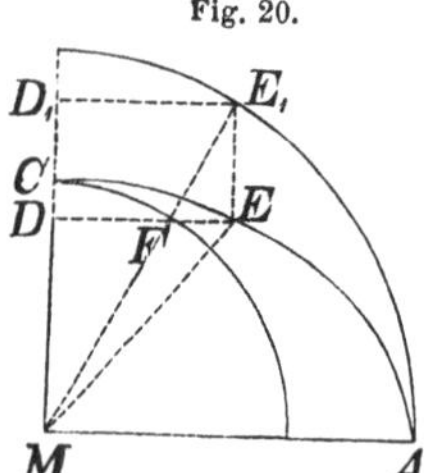

Schneidet ein beliebiger Radius den kleinen
Kreis in F, den grossen in E_1 und ist
$FE \parallel MA$, $E_1 E \parallel MC$, so ist E ein Punkt
der Ellipse.

Denkt man sich das Ellipsoid auf
einer Grundebene stehend, welche dem
Achsenschnitt durch a und b parallel ist
und das Ellipsoid tangiert, so ist seine Höhe
$2c$. Wird es in der Höhe $MD = z$, vom
Mittelpunkt aus gerechnet, geschnitten, so
ist DE die eine Achse des Schnittes, wenn in der Figur
$MA = a$ und $MC = c$ ist; die andere Achse wäre ebenfalls
DE, wenn in der Figur $MA = b$ und $MC = c$ ist.

Es ist nun $\dfrac{DE}{DF} = \dfrac{E_1 M}{FM}$ oder $DE = DF \cdot \dfrac{a}{c}$, wenn MA $= a$ ist; ebenso $DE = DF \cdot \dfrac{b}{c}$, wenn $MA = b$ ist.

In beiden Fällen aber ist $DF = \sqrt{MF^2 - MD^2} = \sqrt{c^2 - z^2}$. Das Produkt beider Achsen ist also $\dfrac{ab}{c^2}(c^2 - z^2)$. Der Flächeninhalt der Ellipse mit diesen beiden Achsen ist also $\dfrac{ab\,\pi}{c^2}(c^2 - z^2)$, mithin für das Ellipsoid, da $G = 0$, $D = 0$, $H = ab\pi$, $h = 2c$, nach § 27, Folg. 2:

$$I = \frac{4}{3}\,abc\pi.$$

Für ein Rotationsellipsoid sind zwei der Achsen, für die Kugel alle drei einander gleich.

2. Das elliptische Paraboloid ist ein Körper, welcher auf einer Ellipse als Grundfläche stehend, parallel zu dieser geschnitten, in jeder Höhe eine Ellipse als Schnittfigur hat und von zwei Ebenen durch seinen Scheitel und je einer Achse der Grundfläche in Parabeln geschnitten wird.

Eine Parabel wird bestimmt durch die Lage ihres Brennpunktes zu einer Geraden, welche die Leitlinie der Parabel heisst. Das Lot vom Brennpunkt auf die Leitlinie heisst Parameter (p), seine Richtung Achse der Parabel. Jeder Punkt der Parabel hat dieselbe Entfernung vom Brennpunkt, wie von der Leitlinie; es wird also die Achse von der Parabel geschnitten in einem Punkte, welcher den Parameter halbiert und Scheitel der Parabel heisst.

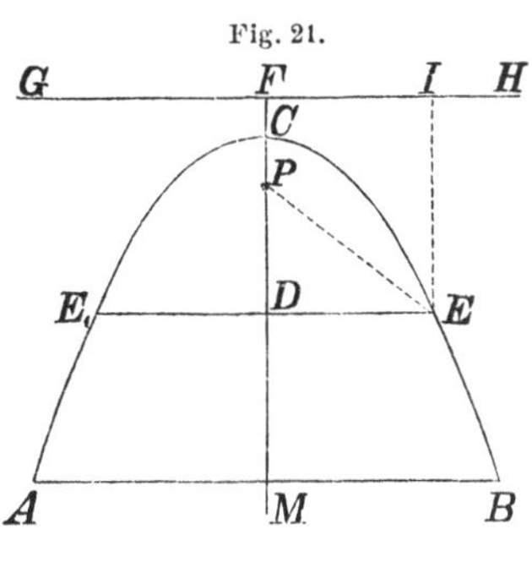

Ist, Fig. 21, ACB eine Parabel, welche durch den Scheitel C des Paraboloids und durch AB, die Achse der elliptischen Grundfläche, geht, P der Brennpunkt, GH die Leitlinie und DE die Halbachse einer Ellipse, in welcher das Paraboloid durch eine Ebene parallel zur Grundfläche und im Scheitel-Abstande $CD = z$ geschnitten wird, so muss $EP = EI$ sein, wenn $EI \perp GH$.

Es ist $DE = \sqrt{EP^2 - PD^2}$, wo $PD = CD - PC = z - \dfrac{p}{2}$ und $EP = EI = DF = DC + CF = z + \dfrac{p}{2}$ ist; mithin

$$ED = \sqrt{\left(z + \frac{p}{2}\right)^2 - \left(z - \frac{p}{2}\right)^2} = \sqrt{2pz}.$$

Ist $MA = a$ und $MC = h$, die Höhe des Paraboloids, gegeben, so muss hiernach $a = \sqrt{2ph}$ sein, d. i. $p = \dfrac{a^2}{2h}$.

Stellt nun aber die Figur den Schnitt durch den Scheitel des Paraboloids und durch $AB = b$, die andere Achse der elliptischen Grundfläche, dar, so ist der Parameter $FP = q = \dfrac{b^2}{2h}$, also wenn DE die andere Achse des elliptischen Parallelschnitts in demselben Scheitel-Abstande $CD = z$, $DE = \sqrt{2qz}$. Mithin ist das Produkt der beiden Achsen des elliptischen Parallelschnittes in dem Abstande z vom Scheitel $2z\sqrt{pq}$, also sein Inhalt $Z = 2z\pi\sqrt{pq}$ oder, wenn für p und q die ermittelten Werte gesetzt werden:

$$Z = ab\pi \frac{z}{h} = G \frac{z}{h}.$$

Hiernach ist $G = ab\pi$, $D = 0$ und, da für den Mittelschnitt $\dfrac{z}{h} = \dfrac{1}{2}$ ist, $H = \dfrac{1}{2} G$, folglich für das elliptische Paraboloid nach § 27, Folg. 2:

$$I = G \frac{h}{2} = ab\pi \frac{h}{2}.$$

Der Inhalt eines Paraboloids ist also gleich der Hälfte eines Prismas gleicher Grundfläche und Höhe.

Ist $a = b = r$, d. h. jeder Parallelschnitt ein Kreis, so hat man für das Rotationsparaboloid $I = \dfrac{1}{2} r^2 h\pi$.

Kegel, Paraboloid und Cylinder gleicher Grundfläche und Höhe verhalten sich wie $2 : 3 : 6$.

§ 29.

1. Das Tonnengewölbe ist ein durch einen Achsenschnitt halbierter Cylinder. Der Achsenschnitt wird als Grundfläche betrachtet. Die Grundfläche des halben Cylinders heisst Stirnfläche des Gewölbes. Sein Rauminhalt wird meist wie der eines Cylinders berechnet (§ 26, Lehrs. 1). Für den Fall, dass es elliptisch oder parabolisch gewölbt ist, lassen sich allgemeine Formeln aufstellen.

Ist die Grundfläche (G) das Rechteck $ABCD$, Fig. 22, mit der Breite $AB = 2b$ (Spannung oder Sprengung) und der Länge $AD = l$, ist $EF = h$ die Höhe des Scheitels über der Grundfläche (Pfeilhöhe), so sind die Stirnflächen AEB und DE_1C halbe Ellipsen*) mit den Halbachsen b und h, also mit dem Inhalte $\frac{1}{2}bh\pi$, mithin $I = \dfrac{bhl\pi}{2} = G\dfrac{h}{4}\pi$.

Ist AEB eine Parabel**) mit der auf den Scheitel E bezogenen Gleichung $y^2 = \dfrac{b^2}{h}z$, so nehme man die Ebene $MFEE_1$ als Grundebene und findet $l(h-z) = hl\left(1 - \dfrac{y^2}{b^2}\right)$ für den Flächeninhalt eines Parallelschnittes in der Schnitthöhe y. Folglich nach § 27, Folg. 2, da jetzt $AB = 2b$ als Höhe zu nehmen und $G = D = 0$, $H = hl$ ist: $I = \dfrac{2b}{6}4hl$, mithin für das Parabolische Tonnengewölbe:

$$I = \frac{2}{3}Gh\text{***}).$$

Anmerkung. Dieselben Formeln erhält man für den Fall, dass $ABCD$ ein schiefwinkliges Parallelogramm mit der Breite $2b$ und der Länge l ist. Statt Stirnfläche ist dann Normalschnitt zu setzen.

Zusatz 1. Elliptische Tonnengewölbe gleicher Grundfläche und Höhe sind raumgleich, ebenso parabolische.

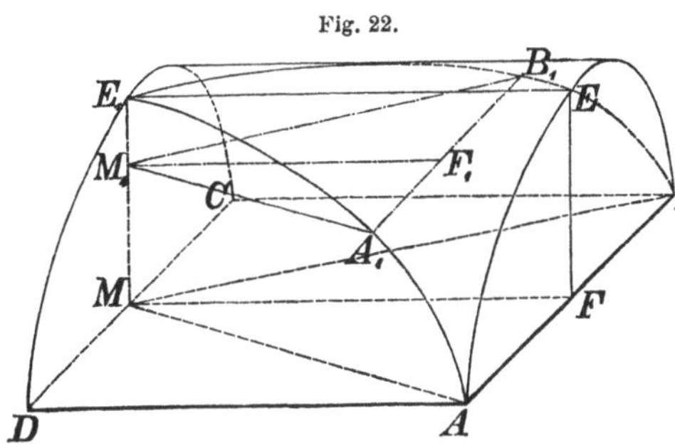

Fig. 22.

2. Wird das Tonnengewölbe, Fig. 22, durch zwei Ebenen (E_1MA und E_1MB), welche durch die Pfeilhöhe (E_1M) der einen Stirnfläche und je einen Endpunkt (A und B) der anderen bestimmt sind, in drei Teile zerlegt, so liegen zwei von diesen so, dass sie begrenzt werden von zwei Ellipsenquadranten (den Gratbogenschnitten E_1MD und E_1MA oder

---

*) Vergl. § 28, 1.
**) Vergl. § 28, 2.
***) Wird das Gewölbe als Cylinder berechnet, und bezeichnet F den Flächeninhalt der parabolischen Grundfläche, so hat man $I = Fl = \frac{4}{3}blh$ d. i. für eine Parabel $F = \frac{4}{3}bh$.

$E_1 MC$ und $E_1 MB$), einem Teile ($E_1 DA$ oder $E_1 CB$) des Cylindermantels und einem Dreieck (MDA oder MCB) als Grundfläche; der dritte Teil ist ebenfalls von zwei Ellipsenquadranten ($E_1 MA$ und $E_1 MB$), einem Teile ($E_1 AB$) des Cylindermantels und einem Dreieck (AMB) als Grundfläche begrenzt, ausserdem aber noch von der Stirnfläche (AEB), deren Bogen auch Schildbogen heisst.

Bei den ersten Teilen liegt eine Grundkante (AD oder BC), die Kämpferlinie, in der Wölbung, und alle Geraden in dieser sind der Kämpferlinie parallel; eine solche Wölbung heisst Klosterwölbung.

Bei dem dritten Teile liegt keine Grundkante in der Wölbung, und alle Geraden in dieser kreuzen die Spannung; eine solche Wölbung heisst Fächerwölbung.

Auch auf dem Dreieck AMB steht eine Klosterwölbung mit der Pfeilhöhe $E_1 M$, den Gratbogenschnitten $E_1 MA$ und $E_1 MB$ und der Kämpferlinie AB. Die Wölbung ist aber kein Teil des Cylindermantels, sondern schneidet diesen in der Ellipse $E_1 A$ und $E_1 B$. Man kann sie sich vorstellen als Teil eines Tonnengewölbes, dessen Stirnfläche in der Ebene $E_1 MFE$ liegt.

Klosterwölbungen mit gemeinsamer Pfeilhöhe bilden, wenn die Kämpferlinien sich zu einem Vieleck schliessen, und die zusammentreffenden Gratbogenschnitte kongruent sind, das Klostergewölbe.

Fächerwölbungen mit paarweise kongruenten Gratbogenschnitten und gleicher Pfeilhöhe bilden das Fächergewölbe, wenn die Spannungen sich zu einem Vieleck schliessen. Ein Fächergewölbe mit einem Viereck als Grundfläche heisst Kreuzgewölbe.

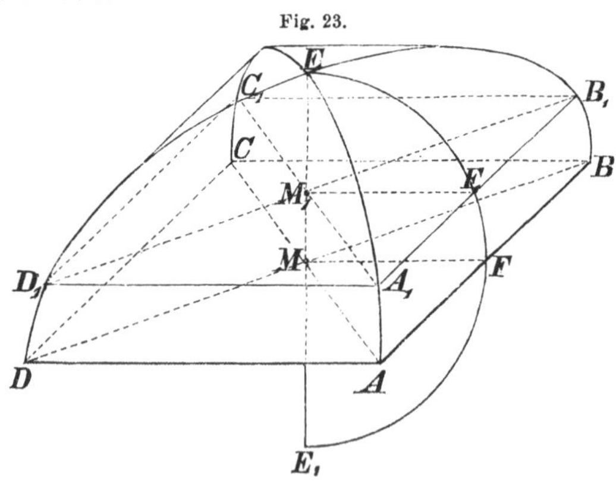

Fig. 23.

3. Ein Klostergewölbe über einem Quadrat kann betrachtet werden als die Hälfte des Durchschnittes zweier ge-

raden Cylinder mit dem Radius r, deren Achsen einen rechten Winkel einschliessen, wenn die Seite des Quadrats $2r$ und die Pfeilhöhe r ist.

Ist, Fig. 23, das Quadrat $ABCD$ die Grundfläche und EM die Pfeilhöhe, so ist der Flächeninhalt (Z) eines Parallelschnittes $A_1 B_1 C_1 D_1$ ein Ausdruck zweiten Grades seiner Schnitthöhe (z). Ist nämlich $A_1 D_1 = 2y$, so ist $Z = 4y^2$, und ist $MM_1 = z$, so ist $M_1 F_1 = y$, d. i. aus dem Dreieck $MM_1 F_1$ $y^2 = r^2 - z^2$. Für den Rauminhalt des ganzen Durchschnitts beider Cylinder mit der Höhe $EE_1 = 2r$ ist, da $G = 0$, $D = 0$, $H = 4r^2$, $h = 2r$, nach § 27, Folg. 2, $I = \dfrac{16}{3} r^3$ und für das Klostergewölbe:

$$I = \frac{8}{3} r^3.$$

4. Das Kreuzgewölbe über einem Quadrat ist gleich dem Inhalt der beiden Halbcylinder, vermindert um den des Klostergewölbes über derselben Grundfläche, d. i.

$$I = \frac{2}{3} r^3 (3\pi - 4).$$

5. Jede Klosterwölbung ist nach § 27, Folg. 2 auszumitteln. Ihre Grundfläche sei BMA, Fig. 22, die Pfeilhöhe $E_1 M = h$, die Kämpferlinie $AB = 2\,b$. Diese nehme man als Grundlinie der Grundfläche und $MF = \varrho$ als zugehörige Höhe derselben. Jeder Parallelschnitt ist ein Dreieck, welches, da die Seiten paarweise parallel sind, der Grundfläche ähnlich ist, sich also zu dieser verhält wie das Quadrat seiner Höhe zu ϱ^2. Ist der Schnitt $Z = \triangle A_1 M_1 B_1$ in der Höhe $MM_1 = z$ geführt, und ist $M_1 F_1 = \varrho_1$, so ist $Z = G \dfrac{\varrho_1^2}{\varrho^2}$. ϱ_1 ist aber die y-Ordinate der Gleichung $\dfrac{y^2}{\varrho^2} + \dfrac{z^2}{h^2} = 1$, welche dem elliptischen Bogen $E_1 F_1 F$, dessen Halbachsen ME_1 und MF sind, entspricht. Es ist also $\varrho_1^2 = \dfrac{\varrho^2}{h^2} (h^2 - z^2)$ d. i. $Z = G \dfrac{h^2 - z^2}{h^2}$, und, wenn $z = \dfrac{1}{2} h$ ist, $4H = 3G$, ferner, da $D = 0$,

$$I = \frac{2}{3} Gh.$$

Mithin ist für das Klostergewölbe:

$$I = \frac{2}{3} Gh,$$

da die Grundfläche des ganzen Gewölbes aus den Grundflächen der einzelnen Wölbungen zusammengesetzt ist.

Anmerkung. Auch diese Entwickelung gilt noch für den Fall, dass $ABCD$ ein schiefwinkliges Parallelogramm ist. Es liegt dann F bezüglich F_1 nicht in der Mitte von AB bezüglich A_1B_1.

Zusatz 2. Elliptische Klostergewölbe gleicher Grundfläche und Höhe sind raumgleich.

6. Für die Kappe $E_1M_1A_1B_1$ mit der Höhe $E_1M_1 = h$, der Grundfläche $M_1A_1B_1 = G$, Fig. 22, ist, wenn $EM = c$ und $\triangle AMB = K$ gesetzt wird, $G = K\dfrac{c^2 - (c-h)^2}{c^2} = Kh\dfrac{2c-h}{c^2}$ oder

$$K = G\frac{c^2}{h(2c-h)}, \quad \text{ferner} \quad 4H = 4K\frac{c^2 - (c - \frac{h}{2})^2}{c^2} = $$

$$Kh\frac{4c-h}{c^2}, \quad \text{also} \quad 4H = G\frac{4c-h}{2c-h} \quad \text{und nach § 27, Folg. 2}$$

$$I = \frac{1}{3}Gh \cdot \frac{3c-h}{2c-h}.$$

Um c zu bestimmen, messe man die Linie $M_1A_1 = a$ und in einem beliebigen Abstande h_1 von E_1 eine Parallele zu M_1A_1 gleich a_1, so dass a die Ordinate des Ellipsenquadranten E_1A für die Abscisse $MM_1 = c-h$ und a_1 die Ordinate für die Abscisse $c-h_1$ ist in der Gleichung der Ellipse $\left(\dfrac{y^2}{MA^2} + \dfrac{z^2}{c^2} = 1\right)$, deren Mittelpunkt M und deren Halbachsen MA und $ME = c$ sind. Man hat also mit Benutzung der Messungen:

$$\frac{a^2}{MA^2} + \frac{(c-h)^2}{c^2} = 1$$

$$\frac{a_1^2}{MA^2} + \frac{(c-h_1)^2}{c^2} = 1.$$

Wird die zweite Gleichung durch a_1^2 dividiert, die erste durch a^2 und von der zweiten subtrahiert, so hat man:

$$\frac{(c-h_1)^2}{a_1^2 c^2} - \frac{(c-h)^2}{a^2 c^2} = \frac{1}{a_1^2} - \frac{1}{a^2}$$

und hieraus:

$$c = \frac{a_1^2 h^2 - a^2 h_1^2}{2(a_1^2 h - a^2 h_1)}.$$

Für die Kappe eines Klostergewölbes folgt durch Addition der einzelnen Wölbungen:

$$I = \frac{Gh}{3}\frac{3c-h}{2c-h}.$$

Ist G ein regelmässiges Vieleck, so ist K ein ihm ähnliches, und, wenn r dessen grossen Radius und p eine Zahl bezeichnet, welche für jedes regelmässige Vieleck aus der Zahl seiner Ecken bestimmt ist, so kann man $K = r^2 p$ setzen und $G = \dfrac{r^2}{c^2} h (2c - h) p$, mithin $I = \dfrac{r^2}{c^2} \dfrac{h^2}{3} (3c - h) p$ oder, wenn $c = r$ ist, $I = \dfrac{h^2}{3} (3r - h) p$. Sind die Seiten des Vielecks verschwindend klein, so dass die Grundfläche ein Kreis wird, so ist π für p zu setzen, und das Klostergewölbe wird eine Kuppel und zwar die Haube eines Rotationsellipsoids bezüglich einer Kugel. Vergl. § 26, Aufg. 1, No. 3.

7. Für die Fächerwölbung mit der Grundfläche $AMB = G$, Fig. 22, erhält man den Rauminhalt, wenn man von dem Tonnengewölbe mit der Grundfläche $ABCD = 2G$ die beiden Klosterwölbungen mit den Grundflächen AMD und BMC abzieht. Für jede dieser ist aber $I = \dfrac{2}{3} \dfrac{G}{2} h$, für das Tonnengewölbe $I = 2G \dfrac{h}{4} \pi$, mithin für die Fächerwölbung und für das ganze Fächergewölbe:

$$I = \frac{Gh}{6} (3\pi - 4).$$

Zusatz 3. Elliptische Fächerwölbungen gleicher Grundfläche und Höhe sind raumgleich.

8. Ist Fig. 22 der Normalschnitt $E_1 F_1 F$ der Wölbung eine Parabel*) mit der auf den Scheitel bezogenen Gleichung $\dfrac{y^2}{\varrho^2} = \dfrac{z}{h}$, so ist für den Parallelschnitt $A_1 M_1 B_1 = Z$ in der Schnitthöhe $MM_1 = z$

$$\frac{Z}{G} = \frac{M_1 F_1^2}{MF^2} = \frac{y^2}{\varrho^2} = \frac{z}{h}, \quad \text{also } Z = G \frac{z}{h},$$

und somit nach § 27, Folg. 2 für die einzelne Wölbung und für das parabolische Klostergewölbe:

$$I = G \frac{h}{2}$$

d. i. die Hälfte eines Prismas gleicher Grundfläche und Höhe.

Zusatz 4. Parabolische Klosterwölbungen gleicher Grundfläche und Höhe sind raumgleich.

---

*) Vergl. § 28, 2.

9. Das parabolische Fächergewölbe wird ebenso berechnet wie das elliptische. Es ist:

$$I = \frac{5}{6}\, Gh.$$

Zusatz 5. Parabolische Fächerwölbungen gleicher Grundfläche und Höhe sind raumgleich.

Anmerkung. Der Rauminhalt des Mauerwerks der Gewölbe wird berechnet als Differenz der äusseren und inneren Wölbung.

VII. Vom Schwerpunkt.

§ 30.

Erklärung 1. Der Mittelpunkt einer Strecke heisst ihr Schwerpunkt.

Der Durchschnittspunkt der Transversalen eines Dreiecks heisst dessen Schwerpunkt.

Der Punkt, in welchem sich die drei Verbindungslinien der Mitten zweier Gegenkanten*) einer dreiseitigen Pyramide schneiden, heisst ihr Schwerpunkt.

Erklärung 2. Ist ein beliebig gestaltetes V in die Teile V_1, V_2, V_3 u. s. w. geteilt, welche, jenachdem V eine begrenzte Linie oder Fläche oder einen Körper bezeichnet, Strecken, Dreiecke oder dreiseitige Pyramiden sind — bezeichnen s_1, s_2, s_3 u. s. w. deren Schwerpunktshöhen über einer Grundebene, so heisst die Summe $V_1 s_1 + V_2 s_2 + V_3 s_3 + \ldots$ das Moment von V in Bezug auf diese Ebene, wenn mit V_1, V_2, V_3 u. s. w. auch die betreffenden Inhalte bezeichnet werden.

---

*) Betrachtet man eine dreiseitige Pyramide als schwebende, vergl. § 16, Erkl. 4, nimmt also eine Kante als Grundkante, diejenige, welche sie nicht schneidet, als Deckkante (mit gemeinsamer Bezeichnung: Gegenkanten) und die vier anderen als Seitenkanten, so ist ein Parallelschnitt der Pyramide in halber Höhe — d. h. durch die Mitten der vier Seitenkanten — ein Parallelogramm. Eine Ebene durch die Grundkante und die Mitte der Deckkante schneidet dieses in einer Mittelparallelen, ebenso eine Ebene durch die Deckkante und die Mitte der Grundkante in der anderen Mittelparallelen. Die Verbindungslinie der Mitten zweier Gegenkanten geht also durch den Mittelpunkt des Parallelogrammes, dessen Ecken in den Mitten der vier anderen Kanten liegen. Solcher Parallelogramme giebt es drei, welche paarweis eine Diagonale, alle drei also den Mittelpunkt gemeinsam haben. Dass jede Ecke viermal so weit wie dieser Punkt von der gegenüberliegenden Seite entfernt ist, lässt sich leicht beweisen.

Anmerkung. Die Lote s_1, s_2, s_3 u. s. w. sind mit entgegengesetzten Zeichen zu versehen, wenn sie auf verschiedenen Seiten der Grundebene liegen.

Sind die Strecken s_1, s_2, s_3 u. s. w. Projizierende in anderer als in senkrechter Richtung, so heisst $V_1 s_1 + V_2 s_2 + V_3 s_3 + \ldots$ das Moment von V in dieser Richtung.

Für eine krumme Linie ist eine gebrochene, für krumme und krummlinig begrenzte Flächen ebene und geradlinig begrenzte, für krummflächige Körper ebenflächige zu setzen, welche mit den eigentlichen möglichst übereinstimmen. Die folgenden Sätze gelten nur, in soweit diese Uebereinstimmung erzielt werden kann.

Erklärung 3. Hat ein Punkt S einen solchen Abstand s von der Grundebene, dass $V_1 s_1 + V_2 s_2 + V_3 s_3 + \ldots = V s$ ist, so bestimmt dieser Punkt das Moment von V.

In folgendem ist stets vorausgesetzt, dass $V_1 + V_2 + V_3 + \ldots = V$ ist, und S_1, S_2, S_3 u. s. w. die Schwerpunkte von V_1, V_2, V_3 u. s. w. sind.

Lehrsatz 1. Ein Punkt S, welcher das Moment von V in Bezug auf eine Ebene bestimmt, bestimmt es auch in schiefer Richtung auf dieselbe Grundebene und umgekehrt.

Sind s_1, s_2, s_3 u. s. w. die Entfernungen der Punkte S, S_1, S_2, S_3 u. s. w. in senkrechter, σ, σ_1, σ_2, σ_3 u. s. w. in anderer Richtung von der Grundebene, und ist $V_1 s_1 + V_2 s_2 + V_3 s_3 + \ldots = V s$, so wird behauptet, dass auch $V_1 \sigma_1 + V_2 \sigma_2 + V_3 \sigma_3 + \ldots = V \sigma$ ist und umgekehrt.

Beweis. Bildet die schiefe Richtung mit der normalen den Winkel α, so ist $s = \sigma \cos \alpha$, $s_1 = \sigma_1 \cos \alpha$, $s_2 = \sigma_2 \cos \alpha$ u. s. w. Durch Division oder Multiplikation mit $\cos \alpha$ ergeben sich also beide Behauptungen.

Lehrsatz 2. Ein Punkt S, welcher das Moment von V in Bezug auf eine Ebene bestimmt, bestimmt es auch auf jede ihr parallele Ebene.

Voraussetzung. $V_1 s_1 + V_2 s_2 + V_3 s_3 + \ldots = V s$ in Bezug auf eine Grundebene, welcher eine andere im Abstande a parallel ist.

Behauptung. $V_1 (s_1 + a) + V_2 (s_2 + a) + V_3 (s_3 + a) + \ldots = V (s + a)$.

Beweis. Es ist $V_1 a + V_2 a + V_3 a + \ldots = V a$ u. s. w.

Folgerung. Das Moment von V ist Null, wenn der Bestimmungspunkt in der Grundebene liegt und umgekehrt.

Lehrsatz 3. Wird das Moment von V durch einen Punkt S in Bezug auf zwei sich schneidende Ebenen bestimmt, so bestimmt dieser dasselbe auch auf jede Ebene, in welcher der Durchschnitt der beiden ersten liegt.

Voraussetzung. Die Entfernungen der Punkte S, S_1, S_2, S_3 u. s. w. von den beiden ersten Ebenen seien bezüglich x, x_1, x_2, x_3 u. s. w. und y, y_1, y_2, y_3 u. s. w., von der dritten z, z_1, z_2, z_3 u. s. w. Die drei Ebenen schneiden sich in einer Geraden. Es ist:

$$V_1 x_1 + V_2 x_2 + V_3 x_3 + \ldots = Vx,$$
$$V_1 y_1 + V_2 y_2 + V_3 y_3 + \ldots = Vy.$$

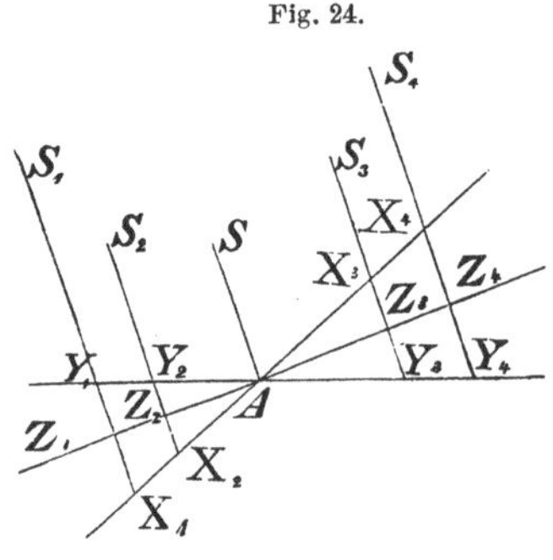

Fig. 24.

Beweis. Man setze, wenn nötig, für jede der drei Ebenen eine ihr parallele, so dass keine V schneidet und die dritte in einem anderen Winkelraum liegt als V (Lehrs. 2). Senkrecht zum Durchschnitt der drei Ebenen lege man eine vierte und projiziere sämtliche Punkte S, S_1, S_2, S_3 u. s. w. normal auf diese, so dass Fig. 24 die Projektion ist und A der Durchschnittspunkt der vier Ebenen. Die Momente seien in der Richtung SA genommen (Lehrs. 1) und die Entfernungen in dieser Richtung mit denselben x, y und z bezeichnet wie in der Voraussetzung.

Es sei dann:

$$S_1 X_1 = x_1, \quad S_2 X_2 = x_2, \quad S_3 X_3 = x_3 \text{ u. s. w.}$$
$$S_1 Y_1 = y_1, \quad S_2 Y_2 = y_2, \quad S_3 Y_3 = y_3 \text{ u. s. w.}$$
$$S_1 Z_1 = z_1, \quad S_2 Z_2 = z_2, \quad S_3 Z_3 = z_3 \text{ u. s. w.}$$
$$Z_1 X_1 = p_1, \quad Z_2 X_2 = p_2, \quad Z_3 X_3 = p_3 \text{ u. s. w.}$$

Bestimmt ein Punkt Z das Moment von V in Bezug auf die dritte Ebene mit der Entfernung z von dieser, ist also $Vz = V_1 z_1 + V_2 z_2 + V_3 z_3 + \ldots$, so hat man $z_1 = x_1 - p_1$, $z_2 = x_2 - p_2$, $z_3 = x_3 - p_3$ u. s. w. (wo die p auch negativ sein können), mithin:

$$Vz = V_1 (x_1 - p_1) + V_2 (x_2 - p_2) + V_3 (x_3 - p_3) + \ldots =$$
$$Vx - (V_1 p_1 + V_2 p_2 + V_3 p_3 + \ldots).$$

Nun ist aber, wenn $\dfrac{p_1}{x_1 - y_1} = c$ gesetzt wird, $p_1 = c\,(x_1 - y_1)$, $p_2 = c\,(x_2 - y_2)$, $p_3 = c\,(x_3 - y_3)$ u. s. w., also:

$$V_1 p_1 + V_2 p_2 + V_3 p_3 + \ldots = c\,(V_1 [x_1 - y_1] + V_2 [x_2 - y_2]$$
$$+ V_3 [x_3 - y_3] + \ldots)$$

und, wenn man beachtet, dass $x_n - y_n$ negativ ist, wo p_n negativ zu nehmen ist, so hat man $V_1 p_1 + V_2 p_2 + V_3 p_3 + \ldots = c\,(Vx - Vy) = o$, da $x = y = SA$ ist. Folglich ist $Vz = Vx$ oder $z = x$, d. h. der Punkt Z fällt mit S zusammen oder hat wenigstens denselben Abstand von den beiden ersten Ebenen wie dieser.

Lehrsatz 4. Ein Punkt S, welcher das Moment von V in Bezug auf drei sich in einem Punkte schneidende Ebenen bestimmt, bestimmt es auch für jede durch den Durchschnittspunkt gelegte Ebene.

Voraussetzung. Die erste Ebene schneide die zweite in der Geraden A, die beliebig durch den gemeinsamen Durchschnittspunkt gelegte vierte Ebene schneide die dritte in der Geraden B.

Beweis. Legt man durch die beiden Geraden A und B eine fünfte Ebene, so bestimmt S das Moment von V in Bezug auf diese, nach Lehrs. 3. In der Geraden B schneiden sich also die dritte und fünfte Ebene — in Bezug auf welche S das Moment bestimmt — und die vierte, auf welche dasselbe nun auch der Fall ist.

Zusatz. Ein Punkt S, welcher das Moment von V in Bezug auf drei sich in einem Punkte schneidende Ebenen bestimmt, bestimmt es für jede andere Ebene.

Beweis. Diese andere Ebene ist entweder einer der drei Grundebenen parallel oder schneidet sie alle drei und ist einer durch den Durchschnittspunkt jener gelegten Ebene parallel u. s. w. Lehrs. 2 und 4.

Lehrsatz 5. Der Schwerpunkt einer Strecke, eines Dreiecks oder einer dreiseitigen Pyramide bestimmt deren Moment, unabhängig von der Art der Teilung, in Bezug auf jede Ebene.

Ist AF in dem Dreieck ABC eine Transversale, so ist für jeden Punkt X in der Hälfte ABF ein Punkt Y der korrespondierende in der Hälfte ACF, wenn XY parallel BC ist und von AF halbiert wird.

I. Ist ABF in irgend welche Dreiecke*) geteilt, so kann ACF in die korrespondierenden flächengleichen geteilt werden, das Moment des Dreiecks ABC in Bezug auf eine Ebene, die durch AF gelegt ist, besteht also aus Summanden, welche sich paarweis zu Null ergänzen, da die Schwerpunktshöhen zweier korrespondierenden Dreiecke entgegengesetzt gleich sind.

Wäre ABF in Dreiecke geteilt und ACF in andere, so übertrage man die Teilung der einen Hälfte auf die andere und umgekehrt, dann sind beide in korrespondierende Teile zerlegt. Diejenigen von diesen, welche nicht Dreiecke sind, zerlege man durch homologe Diagonalen in solche. Dieser

---

*) ABF kann selbst ein solcher Teil sein.

Fall liegt vor, wenn man noch das Moment in Bezug auf eine Ebene durch die zweite Transversale BG bestimmen will. Überträgt man jeden Schnitt von BG in einem zur Hälfte ABF gehörigen Dreiecke auf die andere und umgekehrt (d. h. zieht man die dritte Transversale) und teilt die etwa entstandenen Vielecke in Dreiecke, so findet man auch das Moment in Bezug auf die zweite Ebene gleich Null. Die dritte Ebene ist die des Dreiecks selbst oder eine durch die dritte Transversale; alle schneiden sich aber im Schwerpunkt des Dreiecks, mithin bestimmt dieser das Moment desselben.

II. Ist dagegen das Dreieck ABC in beliebige Dreiecke V_1, V_2, V_3 u. s. w. geteilt, so ist ebenfalls in Bezug auf jede Transversalebene $V_1 s_1 + V_2 s_2 + V_3 s_3 + \ldots = 0$. Man ziehe in den Dreiecken V_1, V_2, V_3 u. s. w. die Transversalen und dann im Dreieck ABC eine Transversalebene, in Bezug auf welche das Moment ermittelt werden soll. Diese wird von den Dreiecken, in welche die V geteilt sind, Teile abschneiden, welche, insoweit sie nicht Dreiecke sind, in solche geteilt werden müssen. Hierdurch ist das Dreieck ABC in solche Dreiecke v_1, v_2, v_3 u. s. w. geteilt, welche von der Transversalebene nicht geschnitten werden und für das Moment die Summe $v_1 \sigma_1 + v_2 \sigma_2 + v_3 \sigma_3 + \ldots = 0$ ergeben, wenn σ_1, σ_2, σ_3 u. s. w. die betreffenden Schwerpunktshöhen sind. Die mit v bezeichneten Dreiecke sind aber so auf die mit V bezeichneten verteilt, dass stets beispielsweise $V_n s_n = v_{n+1}\, \sigma_{n+1} + v_{n+2}\, \sigma_{n+2} + v_{n+3}\, \sigma_{n+3} + \ldots$ sein wird, wenn $V_n = v_{n+1} + v_{n+2} + v_{n+3} + \ldots$ ist. Werden also die Summanden des eben gefundenen Moments in dieser Weise gruppiert, so erhält man $V_1 s_1 + V_2 s_2 + V_3 s_3 + \ldots = 0$.

Der Beweis für die Strecke und die dreiseitige Pyramide lässt sich ebenso führen. Als Transversalebene in dieser nehme man eine Ebene, welche durch eine Kante so gelegt ist, dass sie deren Gegenkante halbiert. Letztere giebt die Richtung an, in welcher die Parallelen zu ziehen sind, um die Teilung der einen Hälfte auf die andere zu übertragen.

Lehrsatz 6. Für jedes V giebt es nur einen Punkt S, welcher das Moment in Bezug auf jede Ebene bestimmt.

Voraussetzung. $V_1 s_1 + V_2 s_2 + V_3 s_3 + \ldots = V s$*) in Bezug auf drei Ebenen. V ist ferner in die Teile W_1, W_2, W_3 u. s. w. geteilt, deren Schwerpunktshöhen σ_1, σ_2, σ_3 für dieselben drei Ebenen sind.

---

*) Die einzelnen s werden im allgemeinen für jede der drei Ebenen einen besonderen Wert haben.

Behauptung. $W_1\sigma_1 + W_2\sigma_2 + W_3\sigma_3 + \ldots = Vs$, ebenfalls in Bezug auf dieselben drei Ebenen.

Beweis.   Durch die Teilung in V_1, V_2, V_3 u. s. w, und in W_1, W_2, W_3 u. s. w. werden Teile entstanden sein, welche nicht beziehentlich Dreiecke oder dreiseitige Pyramiden sind. Werden diese in solche w_1, w_2, w_3 u. s. w. geteilt und auch die nicht geteilten mit einem w bezeichnet, sind x_1, x_2, x_3 u. s. w. die betreffenden Schwerpunktshöhen, so hat man als allgemeines Glied:

1) $V_n = w_{n+1} + w_{n+2} + w_{n+3} + \ldots$

$V_n s_n = w_{n+1} x_{n+1} + w_{n+2} x_{n+2} + w_{n+3} x_{n+3} + \ldots$

und andererseits:

2) $W_m = w_{m+1} + w_{m+2} + w_{m+3} + \ldots$

$W_m \sigma_m = w_{m+1} x_{m+1} + w_{m+2} x_{m+2} + w_{m+3} x_{m+3} + \ldots,$

mithin:

$$Vs = V_1 s_1 + V_2 s_2 + V_3 s_3 + \ldots = w_1 x_1 + w_2 x_2 + w_3 x_3 + \ldots$$

Werden nun aber die w nicht nach (1), sondern nach (2) gruppiert, so hat man ebenfalls:

$$W_1\sigma_1 + W_2\sigma_2 + W_3\sigma_3 + \ldots = Vs.$$

Erklärung 4.   Ein Punkt, welcher das Moment von V für alle Ebenen bestimmt, heisst sein Schwerpunkt.

Lehrsatz 7. Jedes V hat einen, aber nur einen Schwerpunkt. Jedes V hat einen Schwerpunkt, insoweit es sich beziehentlich in Strecken, Dreiecke oder dreiseitige Pyramiden zerlegen lässt.

V kann nicht zwei Schwerpunkte in dem Abstande a von einander haben, denn, wäre das Moment in Bezug auf eine Ebene durch den ersten $Vs = 0$, so wäre in Bezug auf eine andere, durch den zweiten der ersten parallele Ebene $Vs = Va$ (Lehrs. 2) und nicht Null. Eine veränderte Teilung würde nach Lehrs. 6 keinen Einfluss haben.

Folgerung.   Die Teile, in welche V, um sein Moment zu bestimmen, zerlegt wird, können auch andere als beziehentlich Strecken, Dreiecke oder dreiseitige Pyramiden sein, wenn für jeden Teil sein nach Erklärung 2 bestimmtes Moment in Rechnung gestellt wird.

Zusatz.   Das Moment von V ist gleich der Summe der Momente seiner Teile.

Lehrsatz 8. Sind die Parallelschnitte zweier Körper in Bezug auf dieselbe Grundebene in jeder Schnitthöhe bezüglich flächengleich, so sind auch ihre Momente und Schwerpunktshöhen in Bezug auf dieselbe Grundebene einander gleich.

Beweis nach § 17, Lehrs. 1 u. 2.

Man teile beide Körper in Schichten gleicher Höhenlage

von verschwindend kleiner Dicke. Dann kann man sich den
einen Körper aus dem anderen entstanden denken durch Ver-
schiebung ihrer einzelnen Teile gleicher Höhenlage.

§ 31.

Häufig ist aus der Gestalt eines V, dessen Schwerpunkt
bestimmt werden soll, leicht zu erkennen, in Bezug auf welche
Ebene sein Moment Null ist.

Das Moment einer ebenen Linie oder Figur z. B. wird
in Bezug auf die Ebene, in welcher sie liegt, Null, da die
s_1, s_2, s_3 u. s. w. verschwinden. Der Schwerpunkt liegt also
in dieser Ebene. Eine andere (zu ihr senkrechte) Ebene, in
Bezug auf welche das Moment ferner bestimmt werden soll,
sehneidet sie in einer Geraden, und es genügt die Schwer-
punktsabstände der V_1, V_2, V_3 u. s. w. von dieser in Betracht
zu ziehen d. h. das Moment in Bezug auf die Gerade zu bestimmen.

1. Das Moment eines Parallelogramms verschwindet
in Bezug auf jede Diagonale; der Schwerpunkt ist also der
Durchschnittspunkt derselben.

2. Der Schwerpunkt des Kreisumfanges, der Kreisfläche, der Kugeloberfläche und der Kugel ist der
Mittelpunkt; ebenso beim Ellipsoid.

3. Der Schwerpunkt eines regelmässigen Vielecks
und eines regelmässigen Körpers, vergl. Anhang II, ist
der Mittelpunkt.

4. Der Schwerpunkt eines Prismas liegt im Mittelschnitt, da dieser dasselbe in zwei kongruente Teile zerlegt.

5. Das Moment eines Trapezes
verschwindet in Bezug auf eine Gerade,
welche die Mitten der beiden parallelen
Seiten verbindet, da beide Teile in
korrespondierende (§ 30, Lehrsatz 5,
Bew.) Dreiecke zerlegt werden können.

Wird das Trapez $ABCD$, Fig. 25,
mit der Höhe h, wo $AB \parallel CD$, $AB =
a$, $CD = b$, $MA = MB$, $NC = ND$
ist, durch die Diagonale BC in zwei
Dreiecke geteilt, so ist die Schwer-

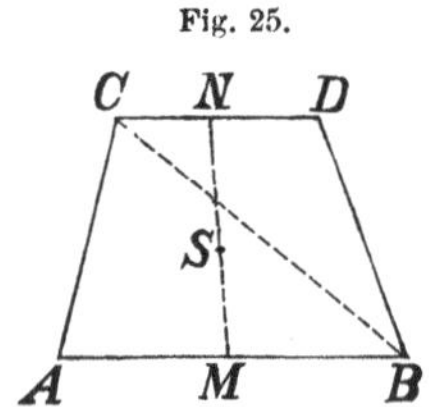

Fig. 25.

punktshöhe des Dreiecks BCD $s_2 = \frac{2}{3} h$, die von ACB

$s_1 = \frac{1}{3} h$ über AB; man hat also die Momentengleichung:

$$\frac{ah}{2} \cdot \frac{1}{3} h + \frac{bh}{2} \cdot \frac{2}{3} h = \frac{(a+b)\,h}{2} \cdot s, \text{ d. i. } s = \frac{a+2b}{3\,(a+b)} \cdot h, \text{ und}$$

$$SM = \frac{a+2b}{3\,(a+b)} \cdot MN, \quad SN = \frac{2a+b}{3\,(a+b)} \cdot MN, \text{ mithin } \frac{SM}{SN} =$$

$$\frac{a+2b}{2a+b} = \frac{\dfrac{a}{2}+b}{a+\dfrac{b}{2}}.$$

Es ist nicht einmal erforderlich NM zu konstruieren; man verlängere, Fig. 26, CD nach beiden Seiten hin um a und AB nach beiden Seiten hin um b. Die Diagonalen des Trapezes mit den parallelen Seiten $2a+b$ und $a+2b$ schneiden sich in S, denn jede teilt MN in dem verlangten Verhältnis.

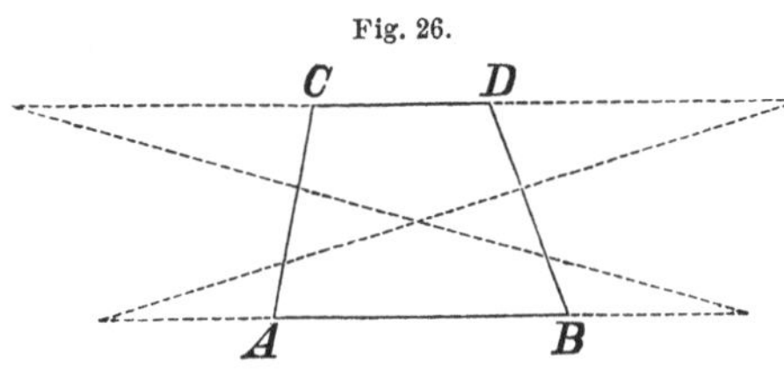

Fig. 26.

Um die Höhe von S über $AC=p$ zu berechnen, wenn h_1 die Höhe von B und h_2 die von D über AC ist, verlängere man (Fig. 27) AB über B hinaus um CD bis E, dann liegt S_2 auf EC, so dass $EC = 3\,S_2C$, also $s_2 = \frac{1}{3}\,(h_1 + h_2)$ ist. Da ferner

$$s_1 = \frac{1}{3}\,h_1, \quad V_1 = \triangle ABC = \frac{p\,h_1}{2}, \quad V_2 = \triangle BCD = \frac{p\,h_2}{2} \text{ und}$$

$$V = p\,\frac{(h_1 + h_2)}{2} \text{ ist, so hat man für das Trapez die Momentengleichung:}$$

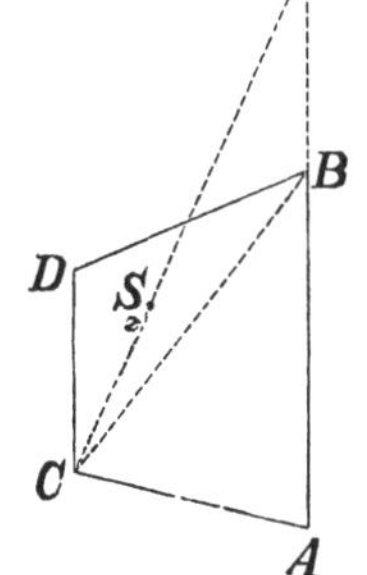

Fig. 27.

$$\frac{p\,(h_1+h_2)}{2} \cdot s = \frac{p\,h_1}{2} \cdot \frac{1}{3}\,h_1 + \frac{p\,h_2}{2} \cdot \frac{1}{3}\,(h_1+h_2),$$

d. i.

$$s = \frac{1}{3}\,\frac{h_1^2 + h_1 h_2 + h_2^2}{h_1 + h_2},$$

und das Moment: $Vs = \frac{p}{6}\,(h_1^2 + h_1 h_2 + h_2^2)$.

6. Um die Schwerpunktshöhe eines ebenen Vielecks $ABCDEF\ldots\ldots$ über einer Geraden XY in seiner Ebene zu berechnen, projiziere man dasselbe in beliebiger Richtung auf diese und betrachte es als Summe beziehentlich Differenz von Trapezen. Wird die Projektion einer Vieleckseite mit p, die betreffenden beiden Eckenhöhen mit h_1 und h_2 be-

zeichnet, so hat man unter Berücksichtigung der Zeichenregel, § 16, Erklärung 7, Anm. 1, für den Flächeninhalt:

$$F = \frac{1}{2}\, \Sigma p\, (h_1 + h_2), \text{ und für das Moment:}$$

$$Fs = \frac{1}{6}\, \Sigma p\, (h_1{}^2 + h_1 h_2 + h_2{}^2) \text{ d. i.}$$

$$s = \frac{1}{3}\, \frac{\Sigma p\, (h_1{}^2 + h_1 h_2 + h_2{}^2)}{\Sigma p\, (h_1 + h_2)}.$$

7. Um den Schwerpunkt eines beliebigen V zu konstruieren, teile man dasselbe in V_1, V_2, V_2 u. s. w. von bekannter Schwerpunktslage. Der Schwerpunkt S von $V_1 + V_2$ muss in der Verbindungslinie von S_1 und S_2 liegen; denn in Bezug auf jede Ebene durch $S_1 S_2$ ist $s_1 = 0$ und $s_2 = 0$, also $V_1 s_1 + V_2 s_2 = 0$ oder $Vs = 0$ d. i. $s = 0$. Ferner muss $\dfrac{S_1 S}{S S_2} = \dfrac{V_2}{V_1}$ sein, denn es sollen $V_1 s_1$ und $V_2 s_2$ entgegengesetzt gleich sein in Bezug auf eine Ebene, welche die Gerade $S_1 S_2$ in S senkrecht schneidet.

Hiernach lässt sich der Schwerpunkt von $V_1 + V_2$ bestimmen und weiter der von $[V_1 + V_2] + V_3$ und so fortfahrend schliesslich der von $V_1 + V_2 + V_3 + \ldots = V$.

Noch einfacher gestaltet sich häufig folgende Abänderung dieses Verfahrens. Man teile V in V_1 und V_2, dann in V_3 und V_4, so dass $V_1 + V_2 = V_3 + V_4 = V$ ist. Dann muss S sowohl auf $S_1 S_2$ als auch auf $S_3 S_4$ liegen, also ihr Durchschnittspunkt sein.

Um z. B. den Schwerpunkt eines beliebigen Vierecks zu konstruieren, teile man es durch eine Diagonale in die Dreiecke V_1 und V_2 und dann durch die andere in V_3 und V_4.

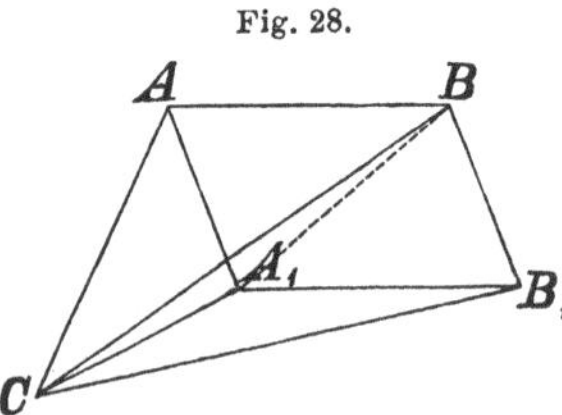

Fig. 28.

8. Die Schwerpunktshöhe eines dreiseitigen schiefabgeschnittenen Prismas, welches ein Keil ist, über der Grundfläche findet man folgendermassen.

Ist ABC die Deckfläche, $A_1 B_1 C = G$ die Grundfläche, AB die Deckkante, welche parallel zu dieser in der Höhe h liegt, so teile man das Prisma durch die Ebene $A_1 BC$ in die Pyramiden $ABA_1 C = V_1$ und $BA_1 B_1 C = V_2$.

Nach der Anmerkung unter dem Text Seite 62 ist dann $s_1 = \frac{1}{2}\, h$, $s_2 = \frac{1}{4}\, h$, und die Momentengleichung $\frac{1}{3}\, Gh \cdot \frac{1}{2}\, h + \frac{1}{3}\, Gh \cdot \frac{1}{4}\, h = \frac{2}{3}\, Gh \cdot s$ d. i. $s = \frac{3}{8}\, h$, und das Moment

$$Vs = \frac{1}{4}\, Gh^2.$$

9. Um die Schwerpunktshöhe eines Prismatoids über der Grundfläche zu finden, projiziere man dasselbe in beliebiger Richtung auf die Grundfläche und teile es wie § 18, Aufgabe 3.

Die Schwerpunktshöhe des Prismas unter D ist $\frac{1}{2}h$, die eines Keiles unter einem Oberdreieck ist $\frac{3}{8}h$, die einer Pyramide unter einem Unterdreieck ist $\frac{1}{4}h$, und die Momentengleichung ist:

$$Dh \cdot \frac{1}{2}h + \frac{2}{3}Oh \cdot \frac{3}{8}h + \frac{1}{3}Uh \cdot \frac{1}{4}h = \frac{h}{3}(2D + O + G)s,$$

d. i.
$$s = \frac{h}{4} \cdot \frac{6D + 3O + U}{3D + 2O + U}.$$

Dieser Ausdruck kann mit § 16, Erkl. 7, Anm. 2 noch drei andere Formen annehmen; und mit § 19, Bew. z. Lehrs. 1 ausserdem noch folgende:

$$s = h \cdot \frac{2H + D}{G + 4H + D},$$

$$Is = \frac{h^2}{6}(2H + D).$$

Die Schwerpunktshöhe eines Walmdaches mit den parallelen Grundkanten a und b, der ihnen parallelen First c und der Höhe h ist hiernach $s = \frac{h}{4}\frac{a + b + 2c}{a + b + c}$, und, wenn $2c = a + b$ ist, $s = \frac{1}{3}h$.

Folgerung. Der Schwerpunkt eines vollständigen dreiseitigen Prismas ist die Mitte seiner Schwerkante, d. h. der Linie, welche die Schwerpunkte der beiden Grundflächen verbindet.

Aufgabe. Die Schwerpunktshöhen der in § 22 gegebenen Prismatoide über der Grundfläche und die Flächeninhalte der Parallelschnitte, in welcher der Schwerpunkt liegt, zu berechnen. § 19, Anm. 1.

Zusatz. Die Schwerpunktshöhe, also auch das Moment, Anm. am Schluss § 18, eines Prismatoids wird nicht geändert, wenn seine Deckfläche ohne Drehung parallel zur Grundfläche verschoben wird.

10. **Lehrsatz.** Ein Körper, dessen Parallelschnitte inhaltlich ein Ausdruck zweiten Grades ihrer Schnitthöhe über der Grundebene sind, hat in Bezug auf diese dasselbe Moment und dieselbe Schwerpunktshöhe wie ein Prismatoid, mit

welchem er in drei Parallelschnitten gleicher Höhenlage inhaltlich übereinstimmt. § 30, Lehrs. 8 und § 27.

Gilt für einen Körper die Gleichung $Z = A + Bz + Cz^2$, so ist $s = h \dfrac{2H + D}{G + 4H + D}$, oder

$$s = \frac{h}{2} \cdot \frac{6A + 4B + 3C}{6A + 3B + 2C}.$$

Aufgabe. Für die Kugelteile, § 26, und die Körper, § 28 und 29, die Lage des Schwerpunktes zu bestimmen.

11. Die Schwerpunktshöhe eines dreiseitigen schief-abgeschnittenen Prismas über der Grundfläche zu berechnen.

Ist ABC, Fig. 29, die Deckfläche, $A_1 B_1 C_1$ die Grundfläche G, und h_1 die Höhe von A, h_2 die von B, h_3 die von C, und $h_1 > h_2 > h_3$, so ziehe man durch B eine Parallele BE zur Grundfläche und projiziere sie in der Richtung der Seitenkanten auf diese. Die projizierende Ebene BEE_1B_1 teilt das Prisma in zwei andere, deren Schwerpunktshöhen sich jetzt leicht bestimmen lassen. Man lege durch C eine Ebene CA_2B_2 parallel zur Grundfläche; sie teilt das Prisma mit der Deckfläche ECB und der Grundfläche $E_1C_1B_1$ in einen Keil und ein Prisma. Die Schwerpunktshöhe des ersteren ist $\frac{3}{8}(h_2 - h_3) + h_3$, die des letzteren $\frac{1}{2} h_3$, mithin wird das Moment dieses Teiles V_1, wenn $\triangle B_1 C_1 E_1 = G_1$ ist:

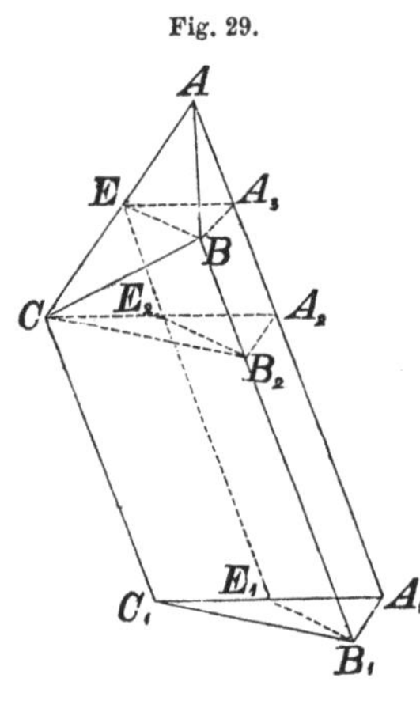

Fig. 29.

$$V_1 s_1 = \frac{2}{3} G_1 (h_2 - h_3) \cdot \left[\frac{3}{8}(h_2 - h_3) + h_3\right] + G_1 h_3 \cdot \frac{1}{2} h_3$$

oder:

$$V_1 s_1 = \frac{1}{12} G_1 (2 h_2{}^2 + [h_2 + h_3]^2).$$

Ebenso findet man für V_2 d. i. das Prisma mit der Deckfläche EAB und der Grundfläche $E_1A_1B_1$, wenn man durch die Ebene EB_1A_3, parallel zu $E_1A_1B_1$, eine Pyramide abschneidet, die Schwerpunktshöhe dieser $\frac{1}{4}(h_1 - h_2) + h_2$, und die des Prismas darunter $\frac{1}{2} h_2$, mithin das Moment, wenn man $\triangle E_1 B_1 A_1 = G_2$ setzt:

$$V_2 s_2 = \frac{1}{3} G_2 (h_1 - h_2) \cdot \left[\frac{1}{4} (h_1 - h_2) + h_2 \right] + G_2 h_2 \cdot \frac{1}{2} h_2$$

oder:

$$V_2 s_2 = \frac{1}{12} G_2 (2 h_2{}^2 + [h_2 + h_1]^2).$$

Nun ist aber:

$$\frac{G_1}{G} = \frac{CE_2}{CA_2} = \frac{CE}{CA} = \frac{h_2 - h_3}{h_1 - h_3}, \text{ und:}$$

$$\frac{G_2}{G} = \frac{E_2 A_2}{CA_2} = \frac{E A_3}{CA_2} = \frac{EA}{CA} = \frac{h_1 - h_2}{h_1 - h_3}, \text{ mithin:}$$

$$Vs = \frac{1}{12} \frac{G}{h_1 - h_3} \left\{ (h_2 - h_3)(2 h_2{}^2 + [h_2 + h_3]^2) + (h_1 - h_2) \right.$$
$$\left. (2 h_2{}^2 + [h_1 + h_2]^2) \right\},$$

d. i.

$$Vs = \frac{1}{12} G (h_1{}^2 + h_1 h_2 + h_1 h_3 + h_2{}^2 + h_2 h_3 + h_3{}^2)$$

$$s = \frac{1}{4} \frac{h_1{}^2 + h_1 h_2 + h_1 h_3 + h_2{}^2 + h_2 h_3 + h_3{}^2}{h_1 + h_2 + h_3}.$$

12. Die Schwerpunktshöhe eines beliebigen Körpers über einer gegebenen Ebene findet man, wenn man ihn nach § 19, Aufg. 4 zerlegt. Es ist dann:

$$s = \frac{1}{4} \frac{\Sigma P (h_1{}^2 + h_1 h_2 + h_1 h_3 + h_2{}^2 + h_2 h_3 + h_3{}^2)}{\Sigma P (h_1 + h_2 + h_3)}.$$

Um hiernach die Schwerpunktshöhe eines Prismatoids über einer die Grundfläche senkrecht schneidenden Ebene zu bestimmen, vergleiche man § 23.

§ 32.

Erklärung 1. Schwerlinie (l)*) eines (vollständigen oder schiefabgeschnittenen) Prismas nennt man die Strecke, welche parallel zu den Seitenkanten durch den Schwerpunkt des Umfanges (u) eines Normalschnittes gelegt ist und von den Grundflächen begrenzt wird.

Lehrsatz 1. Der Mantel eines (schiefabgeschnittenen) Prismas ist gleich dem Produkt aus dem Umfange (u) des Normalschnittes und der Schwerlinie (l).

Voraussetzung I. Das Prisma sei ein gerades mit den Grundkanten g_1, g_2, g_3 u. s. w., so dass $u = g_1 + g_2 + g_3 + \ldots$ ist.

---

*) Diese Strecke heisst auch Schwerkante für den Umfang des Normalschnittes.

Beweis. Der Mantel (M) des Prismas besteht aus einer Summe von Trapezen, welche je eine Grundkante zur Höhe haben. Bezeichnet man ihre Mittelparallelen mit m_1, m_2, m_3 u. s. w., so hat man $M = g_1 m_1 + g_2 m_2 + g_3 m_3 + \ldots$, d. i. das Moment des Umfanges der Grundfläche für die Richtung der Seitenkante des Prismas in Bezug auf die Deckfläche, also $M = u\,l$.

Voraussetzung II. Das Prisma ist ein schiefes.

Beweis. Man stelle dasselbe dar als Differenz zweier geraden Prismen, deren gemeinsame Grundfläche der Normalschnitt ist. Wird Mantel und Schwerlinie der beiden bezüglich mit M_1, M_2, l_1, l_2 bezeichnet, so ist $M = M_1 - M_2$ und $l = l_1 - l_2$, also:

$$M = M_1 - M_2 = u\,(l_1 - l_2) = u\,l.$$

Die Ableitung dieser Formel zeigt, dass sie auch gültig bleibt für einen den Seitenkanten parallelen Streifen des Mantels, wenn unter M der Flächeninhalt dieses Streifens, unter u das zu ihm gehörige Stück vom Umfange des Normalschnittes und unter l die diesem Stücke entsprechende Schwerlinie verstanden wird.

Folgerung. Der Flächeninhalt des Mantels eines Prismas wird nicht geändert, wenn eine Grundfläche um den Punkt, in welchem sie die Schwerlinie begrenzt, so gedreht wird, dass unter stetiger Veränderung ihrer Gestalt ihre Ecken auf den Seitenkanten des Prismas gleiten.

Ist die Grundfläche ein regelmässiges Vieleck oder ein Kreis, so verbindet die Schwerlinie die Mittelpunkte der beiden Grundflächen. ·

Erklärung 2. Schwerkante (k) eines (vollständigen oder schiefabgeschnittenen) Prismas nennt man die Strecke, welche parallel zu den Seitenkanten durch den Schwerpunkt der Fläche (N) eines Normalschnittes gelegt ist und von den Grundflächen begrenzt wird.

Lehrsatz 2. Der Rauminhalt (I) eines (schiefabgeschnittenen) Prismas ist gleich dem Produkt aus dem Flächeninhalt eines Normalschnittes und der Schwerkante (k).

Voraussetzung I. Das Prisma sei ein gerades mit der Grundfläche G, welche in die Dreiecke G_1, G_2, G_3 u. s. w. geteilt ist.

Beweis. Werden die Dreiecke G_1, G_2, G_3 u. s. w. auf die Deckfläche parallel den Seitenkanten projiziert, so teilen die projizierenden Ebenen das Prisma in eine Summe von dreiseitigen schiefabgeschnittenen Prismen. Sind k_1, k_2, k_3 u. s. w. die Projizierenden der Schwerpunkte von G_1, G_2, G_3, so ist § 21, Zus. 3 für das ganze Prisma $I = G_1 k_1 + G_2 k_2 + G_3 k_3 + \ldots$ d. h. das Moment der Grundfläche für die Richtung der Seitenkanten in Bezug auf die Deckfläche, oder $I = G k$.

Voraussetzung II. Das Prisma ist ein schiefes.

Beweis. Wie Lehrs. 1, Bew. II.

Es ist also für jedes Prisma $I = N k$.

Lehrsatz 3. Die Projektion des Schwerpunktes der Fläche einer ebenen Figur ist der Schwerpunkt der Projektion.

Beweis. Ist die Figur F in die Dreiecke F_1, F_2, F_3 u. s. w. geteilt, und sind P, P_1, P_2, P_3 u. s. w. die betreffenden Projektionen, so sind die Schwerpunkte von P_1, P_2, P_3 u. s. w. die Projektionen der Schwerpunkte von F_1, F_2, F_3 u. s. w.; werden also die Schwerpunkte von P_1 und P_2, ferner die von F_1 und F_2 mit einander verbunden, so sind die Verbindungslinien Projektionen von einander, ebenso aber auch die Schwerpunkte selbst, denn beide Verbindungslinien werden vom Schwerpunkte in demselben Verhältnis geteilt, § 31, 7. Sind nämlich s_1 und s_2 die Schwerpunktshöhen von F_1 und F_2 über der Grundebene, σ_1 und σ_2 die von P_1 und P_2 über der Ebene der Figur, so ist für das Prisma mit den Grundflächen F_1 und P_1: $I = P_1 s_1 = F_1 \sigma_1$, § 21, Folg. 2, d. i. $\dfrac{F_1}{P_1} = \dfrac{s_1}{\sigma_1}$,

und ebenso $\dfrac{F_2}{P_2} = \dfrac{s_2}{\sigma_2}$. Sind nun k_1 und k_2 die Projizierenden

der Schwerpunkte, so hat man $\dfrac{\sigma_1}{k_1} = \dfrac{\sigma_2}{k_2}$ und $\dfrac{s_1}{k_1} = \dfrac{s_2}{k_2}$,

mithin $\dfrac{s_1}{\sigma_1} = \dfrac{s_2}{\sigma_2}$, d. i. $\dfrac{F_1}{P_1} = \dfrac{F_2}{P_2}$, und $\dfrac{F_1}{F_2} = \dfrac{P_1}{P_2}$. Fährt man nun fort nach § 31, 7 den Schwerpunkt von F und den von P zu konstruieren und beachtet, dass ebenfalls

$$\frac{F_1}{P_1} = \frac{F_2}{P_2} = \frac{F_3}{P_3} = \ldots, \text{ also auch } \frac{F_1 + F_2}{P_1 + P_2} = \frac{F_3}{P_3}$$

u. s. w. ist, so findet man, dass der Schwerpunkt von P die Projektion des Schwerpunktes von F ist.

Folgerung 1. Werden die Seitenkanten eines Prismas von einer beliebigen Ebene geschnitten, so liegt der Schwerpunkt der Schnittfläche auf der Schwerkante desselben.

Folgerung 2. Die Schwerkante eines Prismas verbindet die Schwerpunkte der beiden Grundflächen.

§ 33.

Erklärung. Wird eine ebene Figur um eine — ausser ihr, aber in ihrer Ebene gelegene — Gerade, als Achse, gedreht, so beschreibt sie einen Rotationskörper.

Lehrsatz. Die Oberfläche eines Rotationskörpers ist gleich dem Produkt aus der Länge des Umfangs der erzeugenden Figur und dem Wege seines Schwerpunktes; der Rauminhalt eines Rotationskörpers ist gleich dem Produkt aus dem Inhalt der erzeugenden Fläche und dem Wege ihres Schwerpunktes.

Beweis. Wird der Körper durch Ebenen, in welchen die Umdrehungsachse liegt, in solche Teile zerlegt, dass jeder als schiefabgeschnittenes Prisma betrachtet werden kann, so ist die erzeugende Figur jedesmal der Normalschnitt eines solchen Teiles, und dessen Mantel (§ 32, Lehrs. 1) $u\,l$, und der Rauminhalt (§ 32, Lehrs. 2) Fk, wo u und F für jeden Schnitt einen konstanten Wert haben, nämlich die Länge des Umfangs bezüglich den Flächeninhalt der erzeugenden Figur bezeichnen. Da die Schnittfiguren sämtlich kongruent sind, so müssen die Schwerlinien, eben so wohl wie die Schwerkanten der einzelnen Prismen, je eine zusammenhängende Linie geben, und zwar einen Kreis. Dieser Kreis ist als Weg des Schwerpunktes bezeichnet worden*).

Wenn also s den Abstand des betreffenden Schwerpunktes von der Umdrehungsachse bezeichnet, so ist für jeden Rotationskörper bei einer ganzen Umdrehung:

$$I = F \cdot 2s\pi$$
$$M = u \cdot 2s\pi.$$

Wird die Figur nur um einen Winkel von α Grad gedreht, so sind diese Werte mit $\dfrac{\alpha}{360}$ zu multiplizieren.

Die Verwendung dieses Lehrsatzes, welcher gewöhnlich als Guldinsche Regel bezeichnet wird, mögen einige Beispiele zeigen.

1. Ein Ring entsteht, wenn ein Kreis um eine Achse, welche in seiner Ebene liegt, rotiert.

Ist e die Entfernung des Mittelpunktes des erzeugenden Kreises von der Achse, und r dessen Radius, so ist $s = e$, da der Schwerpunkt sowohl des Kreisumfanges als der der Kreisfläche der Mittelpunkt ist:

---

*) Anmerk.: Aus diesem Beweise geht hervor, dass der Lehrsatz noch richtig bleibt, wenn die Ecken der erzeugenden Figur auf irgend welchen parallelen Curven gleiten, die jene senkrecht schneiden.

$$I = 2\,er^2\pi^2$$
$$M = 4\,er\pi^2.$$

2. Ein anderer ringförmiger Körper entsteht durch Rotation eines Dreiecks ABC, wenn die Achse parallel der Seite BC in der Entfernung e ist.

Der Schwerpunkt des Dreiecks hat von der Grundlinie $BC = a$ den Abstand $\frac{1}{3}h$, wenn h die Höhe von A auf BC ist, folglich ist $s = e + \frac{1}{3}h$ und:

$$I = ah\left(e + \frac{1}{3}h\right)\pi.$$

Ist das Dreieck rechtwinklig, und $e = 0$, so entsteht durch die Rotation ein Kegel, dessen Grundfläche ein Kreis mit dem Radius h, und dessen Höhe a ist.

Die Regel giebt $I = \dfrac{ah^2\pi}{3}$, einen Ausdruck, der mit dem § 26, Lehrs. 3 übereinstimmt.

3. Ein Hohlcylinder sei entstanden durch Rotation eines Rechtecks mit den Seiten d (Wanddicke) und l (Länge des Rohres), wenn die Achse der Seite l in dem Abstande ϱ (Radius im lichten) parallel ist.

Der Schwerpunkt des Rechtecks ist der Durchschnittspunkt der Diagonalen, also $e = \dfrac{d}{2} + \varrho$ und $I = dl\,(2\varrho + d)\,\pi$, wie § 26, Lehrs. 1, Folg.

§ 34.

Eine wichtige Anwendung findet die Guldinsche Regel zur Bestimmung der Schwerpunkte von Linien und Flächen, wenn die entsprechenden Rotationskörper berechnet werden können.

Aufgaben. 1. Den Abstand des Schwerpunktes eines Dreiecksumfanges ABC von einer Seite zu finden.

Rotiert das Dreieck ABC um eine Achse, welche durch A geht und der Seite $BC = a$ parallel ist, so besteht die Oberfläche des entstandenen Körpers aus einem Cylindermantel mit dem Radius h und der Höhe a, ferner aus einem Kegelmantel mit dem Radius h und der Seite b und aus einem zweiten Kegelmantel mit demselben Radius und der Seite c. Es ist also $(a + b + c)\,2s\pi = 2ah\pi + bh\pi + ch\pi$, d. i.

$$s = \frac{h}{2} + \frac{a}{2(a + b + c)} \cdot h,$$ und der Abstand des Schwerpunkts von der Grundlinie ist:

$$\frac{h}{2} \cdot \frac{b+c}{a+b+c}.$$

2. Der Schwerpunkt eines Kreisbogens von der Länge b, des dazu gehörigen Kreisabschnittes und Kreisausschnittes ist folgendermassen zu finden, wenn der Radius des Kreises gegeben ist.

Die Schwerpunkte liegen auf dem Radius, welcher den Centriwinkel des Bogens halbiert. Wählt man als Rotationsachse eine Gerade durch den Mittelpunkt parallel zur Sehne des Bogens, so entsteht durch die Rotation des Bogens der Mantel einer Kugelzone mit der Höhe h, wenn dies die Länge der Sehne ist. Man hat also $2bs\pi = 2r\pi h$ oder $s = \dfrac{rh}{b}$,

$$\text{d. i. } \frac{b}{h} = \frac{r}{s}.$$

Es verhält sich der Bogen zur Sehne wie der Radius zur Entfernung des Schwerpunktes vom Mittelpunkte.

Ist α der Centriwinkel in Graden, so ist:

$$s = \frac{r \sin \frac{\alpha}{2}}{\pi} \cdot \frac{360}{\alpha}.$$

Der Körper, welcher durch Rotation des Kreisabschnittes entsteht, ist eine Kugelzone, vermindert um einen Cylinder.

Ist e dessen Radius, also $e^2 = r^2 - \dfrac{h^2}{4}$, so hat man (§ 26, Aufg. 2, No. 2):

$$F \cdot 2s\pi = \frac{h\pi}{6}(2e^2 + 4r^2) - e^2\pi h = \frac{2}{3}\pi h (r^2 - e^2) \text{ oder:}$$

$$F \cdot 2s\pi = \frac{1}{6}\pi h^3 \text{ und, da}$$

$$F = \frac{1}{2}(br - eh):$$

$$s = \frac{h^3}{6(br - eh)}, \text{ wo } e = \sqrt{r^2 - \frac{h^2}{4}} \text{ ist.}$$

Ebenso hat man auch:

$$s = \frac{2}{3} \cdot \frac{\sin^3 \frac{\alpha}{2}}{\frac{\alpha\pi}{360} - \frac{1}{2}\sin \alpha} \cdot r.$$

Der Körper, welcher durch Rotation des Kreisausschnittes entsteht, ist eine Kugelzone, vermindert um zwei

Scheitelkegel mit dem Radius e und der Höhe $\dfrac{h}{2}$. Es ist also:

$$F \cdot 2s\pi = \frac{h\pi}{6}(2e^2 + 4r^2) - \frac{1}{3}e^2 h\pi = \frac{2}{3}r^2 h\pi \text{ d. i.}$$

$$s = \frac{2rh}{3b} \text{ oder:}$$

$$s = \frac{2}{3} \cdot \frac{\sin\frac{\alpha}{2}}{\pi} \cdot \frac{360}{\alpha} \cdot r.$$

3. **Den Schwerpunkt eines Ringstückes zu finden,** dessen beide Radien ϱ und r, und dessen Centriwinkel α ist. Wird wie in voriger Aufgabe verfahren, so findet man den Inhalt des Körpers, welcher durch Rotation des Ringstückes entsteht, dadurch, dass man von der Kugelzone mit dem Radius r und der Höhe h abzieht: 1. eine Kugelzone mit dem Radius ϱ und der Höhe h_1, 2. zwei Kegelstumpfe mit der Höhe $\dfrac{h - h_1}{2}$ und den beiden Radien e und e_1, wo

$$\frac{h_1}{h} = \frac{\varrho}{r}, \quad e_1 = \varrho \cos\frac{\alpha}{2}, \quad e = r \cos\frac{\alpha}{2}$$

ist, und für die erzeugende Fläche

$$F = \frac{\pi \cdot \alpha}{360}(r^2 - \varrho^2).$$

Nach einigen Reduktionen findet man:

$$s = \frac{2}{3} \cdot \frac{\sin\frac{\alpha}{2}}{\pi} \cdot \frac{360}{\alpha} \cdot \frac{r^2 + r\varrho + \varrho^2}{r + \varrho}.$$

4. **Den Abstand des Schwerpunktes eines Kreisquadranten von einem Begrenzungsradius zu finden.**

Wählt man diesen zur Rotationsachse, so entsteht eine Halbkugel, und man hat für die Linie $\dfrac{r\pi}{2} \cdot 2s\pi = 2r^2\pi$ d. i.

$$s = \frac{2r}{\pi},$$

für die Fläche:

$$\frac{r^2\pi}{4} \cdot 2s\pi = \frac{2}{3}r^3\pi, \text{ d. i.}$$

$$s = \frac{4r}{3\pi}.$$

5. **Den Abstand des Schwerpunktes eines Ellipsenquadranten von einer Achse zu finden.**

Wählt man diese zur Rotationsachse, so entsteht ein halbes Rotationsellipsoid, und man hat für die Fläche
in Bezug auf a:

$$\frac{ab\pi}{4} \cdot 2s\pi = \frac{2}{3} ab^2\pi \;(\S 28, 1) \text{ d. i. } s = \frac{4b}{3\pi},$$

in Bezug auf b: $\qquad\qquad s = \dfrac{4a}{3\pi}.$

6. Den Abstand des Schwerpunktes einer Parabelhälfte von der Achse zu finden.

Wählt man diese Achse zur Rotationsachse, so entsteht ein Rotationsparaboloid. Ist dessen Höhe h, und der Radius des Grundkreises r, so ist, § 28, 2, $I = \dfrac{1}{2} r^2\pi h$ und für die Parabelfläche Seite 57, Anm. $F = \dfrac{2}{3} rh$, mithin:

$$\frac{2}{3} rh \cdot 2s\pi = \frac{1}{2} r^2\pi h, \text{ d. i.}$$

$$s = \frac{3}{8} r.$$

§ 35.

Die Leibung (M) eines Gewölbes ist meist zusammengesetzt aus Mantelstreifen von Cylindern, deren Normalschnitt ein Kreis, eine Ellipse oder Parabel ist. Wird ein solcher Cylinder als Prisma betrachtet, so gilt auch für ihn die Formel $M = ul$, § 32, Lehrs. 1.

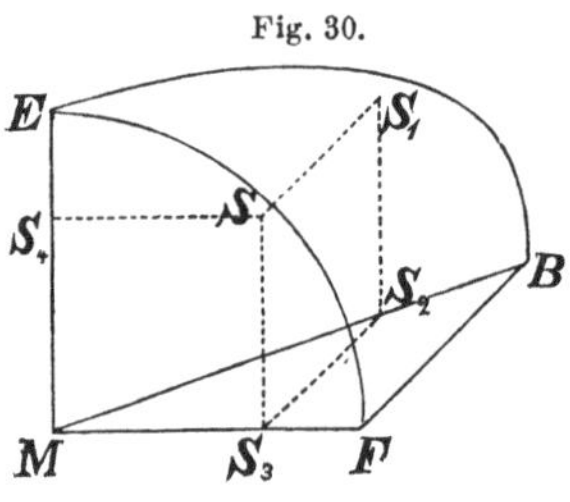

Fig. 30.

1. Das Klostergewölbe, § 29, 3, besteht aus acht kongruenten Teilen, von welchen Fig. 30, vergl. auch Fig. 23, den einen mit dem Kreisquadranten MEF als Normalschnitt und dem Mantel EFB darstellt. Der Schwerpunkt S des Normalschnittes hat von beiden Radien ME und MF den Abstand $SS_4 = SS_3 = \dfrac{2r}{\pi}$, § 34, 4.

Ist also $l = SS_1$, so ist $l = \dfrac{2r}{\pi}$ und $ul = \dfrac{r\pi}{2} \cdot \dfrac{2r}{\pi} = r^2$ und für die ganze Leibung:

$$M = 8\,r^2{}^*).$$

---

*) Berechnet man nach § 29, Schluss-Anm. den Rauminhalt I einer Oberflächenschicht des Gewölbes mit einer so geringen Dicke d, dass d^2 und d^3 vernachlässigt werden können, und setzt dann $I = Md$, so erhält man ebenfalls $M = 8r^2$.

2. Die Leibung des Kreuzgewölbes, § 29, 4, ist gleich der Summe aus den beiden sich kreuzenden Tonnengewölben, vermindert um das Klostergewölbe, d. i. $4r^2\pi - 8r^2$ oder:

$$M = 4r^2(\pi - 2).$$

3. Bei einem Klostergewölbe über einem beliebigen Vieleck, § 29, 5, ist für einen Ausschnitt der Normalschnitt ein Ellipsenquadrant, Fig. 31, vgl. auch Fig. 22, mit der Achse $ME_1 = h$ und $MF = \varrho$. Ist $S_1 S_2$ die Normalprojektion der Schwerlinie und S die des Schwerpunktes, so ist

$$\frac{S_1 S_2}{AB} = \frac{MS}{MF}$$

oder $l = \dfrac{2b}{\varrho} \cdot s$ und für die Leibung des Ausschnittes

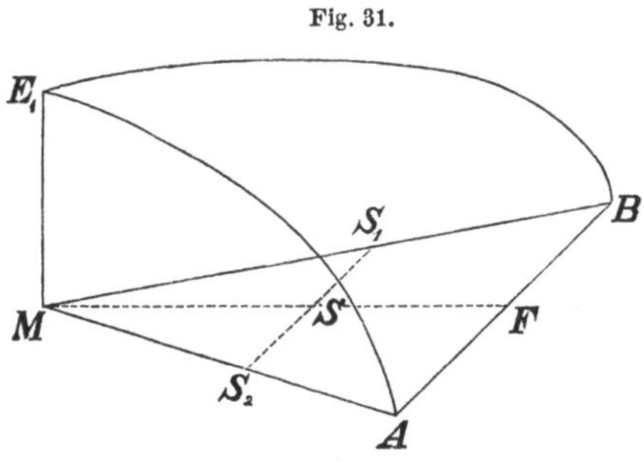

Fig. 31.

$$M = \frac{2b}{\varrho} \cdot us,$$

wo u die Länge des Ellipsenquadranten $E_1 MF$ und s der Abstand seines Schwerpunktes von der Höhe des Gewölbes ist.

Ist die Grundfläche ein regelmässiges n-Eck mit der Seite $2b$, und wird $n = \infty$, also $\varrho = r$, so hat man ein Kuppelgewölbe und für dieses $M = us \cdot 2\pi$, einen Wert, den die Guldinsche Regel ebenfalls liefert.

4. Ist für den Ausschnitt des entsprechenden Fächergewölbes AFE der Normalschnitt, S_1 die Normalprojektion des Schwerpunktes des Ellipsenquadranten AFE, Fig. 32 und Fig. 22, so ist $S_1 S_2$ die Normalprojektion der zu berechnenden Schwerlinie und

$$\frac{S_1 S_2}{MF} = \frac{AS_1}{AF}$$

d. i. $l = \dfrac{\varrho}{b}(b - s)$, mithin:

$$M = \frac{2u\varrho}{b}(b - s).$$

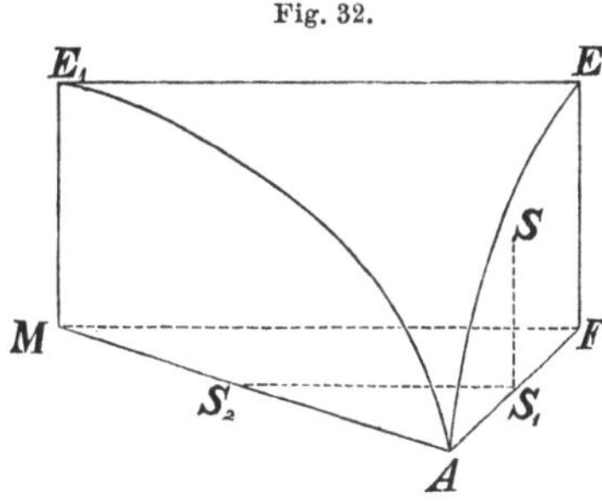

Fig. 32.

Hier ist das Vieeck als ein regelmässiges vorausgesetzt wie im § 29, doch vergl. die Anm. zu 1 und 5 daselbst.

Der Bogen u einer Linie und ihr Moment $us = u_1 s_1 + u_2 s_2 + u_3 s_3 + \ldots$, § 30, in Bezug auf eine Achse kann nun folgendermassen gefunden werden.

Ist, Fig. 33, der Bogen $XY = u$ und AB die Achse, auf welche s bezogen sein soll, so teile man $AB = h$, wenn AX und BY senkrecht zu AB sind, in n gleiche Teile und ziehe durch jeden Teilpunkt Parallelen zu AX. — Sind X_1 und X_2 zwei aufeinander folgende Teilpunkte, also $X_1 X_2 = \dfrac{h}{n}$, und ist $BX_1 = x_1 = \dfrac{v}{n} h$, $BX_2 = x_2 = \dfrac{v+1}{n} h$, $X_1 Y_1 = y_1$, $X_2 Y_2 = y_2$, $y_1 - y_2 = Y_1 F$, $x_1 - x_2 = \dfrac{h}{n}$, und der Bogen $Y_1 Y_2 = u_1$, so ist s_1 gleich einer Parallelen in halber Höhe zwischen X_1 und X_2. — Ist nun n gross genug gewählt, dass die Strecke $Y_1 Y_2$ für den Bogen gesetzt werden kann, so ist $s_1 = \dfrac{1}{2}(y_1 + y_2)$, und die Differenz $y_1 - y_2$ so gering, dass sie im Vergleich mit der Summe $y_1 + y_2$ vernachlässigt werden kann. Nichtsdestoweniger darf aber die Differenz $y_1 - y_2$ nie gleich Null gesetzt werden, wenn sie als Faktor auftritt. Man hat also $y_1 + y_2 = 2 y_1$, $s_1 = y_1$ und ebenso $x_1 + x_2 = 2 x_1$.

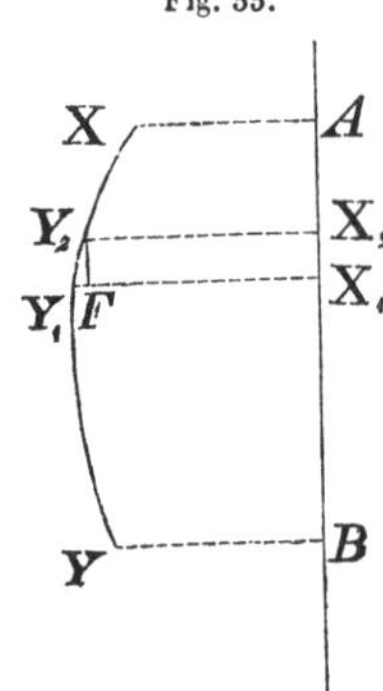

In dem rechtwinkligen Dreieck $Y_1 Y_2 F$ ist nun $u_1 = \sqrt{(y_1 - y_2)^2 + \left(\dfrac{h}{n}\right)^2}$, mithin

$$u_1 s_1 = y_1 \sqrt{(y_1 - y_2)^2 + \left(\dfrac{h}{n}\right)^2}$$ und

$$us = \sum y_1 \sqrt{(y_1 - y_2)^2 + \left(\dfrac{h}{n}\right)^2}.$$

Aus den Gleichungen der Linie XY muss nun für jeden besonderen Fall $(y_1 - y_2)^2$ bestimmt werden.

5. Die Oberfläche des halben Rotationsellipsoids zu berechnen. Vergl. § 28, 1.

Die Gleichung der Ellipse sei $\dfrac{x^2}{a^2} + \dfrac{y^2}{b^2} = 1$, also

$$y^2 = \frac{b^2}{a^2}(a^2 - x^2),$$

und die Halbachse a werde als Höhe gewählt, d. h.:

$$x_1 - x_2 = \frac{a}{n}$$

$$y_1{}^2 = \frac{b^2}{a^2}\left(a^2 - x_1{}^2\right)$$

$$y_2{}^2 = \frac{b^2}{a^2}\left(a^2 - x_2{}^2\right)$$

$$y_1{}^2 - y_2{}^2 = \frac{b^2}{a^2}\left(x_2{}^2 - x_1{}^2\right) = \frac{b^2}{a^2}\left(x_2 + x_1\right)\left(x_2 - x_1\right) = -\frac{b^2}{a^2}\left(x_2 + x_1\right)\frac{h}{n}$$

$$y_1 - y_2 = -\frac{b^2}{a^2}\frac{h}{n}\frac{x_1 + x_2}{y_1 + y_2} = -\frac{b^2}{a^2}\frac{a}{n}\frac{x_1}{y_1}$$

$$(y_1 - y_2)^2 = \frac{b^4}{n^2 a^2}\frac{x_1{}^2}{y_1{}^2}$$

$$u_1 s_1 = \frac{b^2}{an}\sqrt{x_1{}^2 + \frac{a^4}{b^4}y_1{}^2}$$

und, wenn $y_1{}^2 = \dfrac{b^2}{a^2}\left(a^2 - x_1{}^2\right)$ gesetzt wird,

$$u_1 s_1 = \frac{b}{n}\sqrt{a^2 - \varepsilon^2 x_1{}^2},$$

wo der Ausdruck $\dfrac{a^2 - b^2}{a^2}$ „die numerische Excentricität" der Ellipse gleich ε^2 gesetzt ist.

Ist nun $x_1 = \dfrac{av}{n}$, so wird:

$$us = \frac{ab}{n}\sum_1^n\sqrt{1 - \varepsilon^2\frac{v^2}{n^2}}.$$

Es ist dann nach der Guldinschen Regel für das halbe Rotationsellipsoid: $M = 2\pi us$ und für das Kloster- und Fächergewölbe die Leibung nach (3) und (4) zu berechnen, sobald der Wert:

$$\frac{1}{n}\sum_1^n\sqrt{1 - \varepsilon^2\frac{v^2}{n^2}}$$

bestimmt ist.

Wird diese Wurzel gezogen, so hat man für die ersten 5 Glieder:

$$\sqrt{1 - \varepsilon^2\frac{v^2}{n^2}} = 1 - \frac{1}{2}\varepsilon^2\frac{v^2}{n^2} - \frac{1}{8}\varepsilon^4\frac{v^4}{n^4} - \frac{1}{16}\varepsilon^6\frac{v^6}{n^6} - \frac{5}{128}\varepsilon^8\frac{v^8}{n^8}\cdots$$

und, wenn die einzelnen Glieder mit Hülfe von Anhang IV summiert werden,

$$us = ab\left(1 - \frac{1}{6}\varepsilon^2 - \frac{1}{40}\varepsilon^4 - \frac{1}{112}\varepsilon^6 - \frac{5}{1152}\varepsilon^8\cdots\right).$$

Da ε ein echter Bruch ist, die Koëffizienten der einzelnen

Glieder auch sehr schnell abnehmen, so können die folgenden vernachlässigt werden*).

Ist aber die Ellipse $\dfrac{x^2}{a^2} + \dfrac{y^2}{b^2} = 1$ um die kleinere Achse gedreht, d. h. die Höhe des Gewölbes kleiner als ϱ, so muss die vorstehende Rechnung folgendermassen umgeändert werden:

$$x^2 = \frac{a^2}{b^2}\,(b^2 - y^2)$$

$$x_1 - x_2 = -\,\frac{a^2}{bn}\,\frac{y_1}{x_1} \quad \text{u. s. w.}$$

$$us = \frac{a^2}{bn}\,\sum_1^n \sqrt{y_1{}^2 + \frac{b^4}{a^4}\,x_1{}^2}$$

und, wenn wiederum $\dfrac{a^2 - b^2}{a^2} = \varepsilon^2$,

$$us = \frac{ab}{n}\,\sum_1^n \sqrt{1 + \frac{a^2\,\varepsilon^2}{b^2}\,\frac{v^2}{n^2}}.$$

Wird die Wurzel ebenso behandelt wie vorher:

$$us = ab\left(1 + \frac{1}{6}\,\frac{a^2\varepsilon^2}{b^2} - \frac{1}{40}\,\frac{a^4\varepsilon^4}{b^4} + \frac{1}{112}\,\frac{a^6\varepsilon^6}{b^6} - \frac{5}{1152}\,\frac{a^8\varepsilon^8}{b^8} + \ldots\right).$$

Soll der Abstand des Schwerpunktes eines Ellipsenquadranten von der Achse bestimmt werden, so hat man:

$$s = \frac{us}{u},$$

muss also die beiden gefundenen Reihen mit der Länge des Ellipsenquadranten dividieren. Es ist nun:

$$u = \frac{a}{2}\,\pi\left(1 - \frac{1}{4}\,\varepsilon^2 - \frac{3}{64}\,\varepsilon^4 - \frac{5}{256}\,\varepsilon^6 - \ldots\right),$$

und hiernach für den Abstand des Schwerpunktes von der a Achse:

$$s = \frac{2b}{\pi}\left(1 + \frac{1}{12}\,\varepsilon^2 + \frac{3}{20}\,\varepsilon^4 + \frac{223}{4480}\,\varepsilon^6 + \ldots\right).$$

6. **Die Oberfläche eines Rotationsparaboloids zu ermitteln,** wenn die Gleichung der rotierenden Parabel auf den Scheitel

---

*) Wird $\sqrt{1 - \varepsilon^2\,\dfrac{v^2}{n^2}} = \left(1 - \varepsilon^2\,\dfrac{v^2}{n^2}\right)^{\frac{1}{2}}$ nach dem binomischen Lehrsatz entwickelt, so lässt sich das Gesetz, nach welchem die folgenden Glieder der Reihe bestimmt sind, übersehen. Nämlich:

$$1 - \frac{1}{2}\,\varepsilon^2\,\frac{v^2}{n^2} - \frac{1}{2.2^2}\,\varepsilon^4\,\frac{v^4}{n^4} - \frac{1.3}{2.3.2^3}\,\varepsilon^6\,\frac{v^6}{n^6} - \frac{1.3.5}{2.3.4.2^4}\,\varepsilon^8\,\frac{v^8}{n^8} - \ldots.$$

bezogen $y^2 = 2px$, die Höhe h, und der Radius des Grundkreises r ist. $\left(\text{Also } p = \dfrac{r^2}{2h}\right)$.

Werden die Teile der Höhe h vom Scheitel an gezählt, so hat man:

$$y_1{}^2 = 2p\,x_1$$
$$y_2{}^2 = 2p\,x_2$$
$$\overline{}$$
$$y_1{}^2 - y_2{}^2 = 2p\,(x_1 - x_2) = 2p\,\frac{h}{n}$$
$$y_1 - y_2 = \frac{p\,h}{n\,y_1}$$
$$(y_1 - y_2)^2 = \frac{p^2 h^2}{n^2 y_1{}^2} \text{ und nach S. 82}$$
$$us = h\,\sqrt{p}\cdot\frac{1}{n}\,\sum_1^n \sqrt{p + 2x_1}.$$

Es ist aber, wenn zur Abkürzung $p = a^2$ und $x_1 = x$ gesetzt wird:

$$\sqrt{a^2 + 2x} = a + \frac{x}{a} - \frac{x^2}{2a^3} + \frac{x^3}{2a^5} - \frac{5x^4}{8a^7} + \ldots$$

und, wenn $x = \dfrac{v}{n}\,h$ gesetzt und die einzelnen Glieder summiert werden:

$$\frac{1}{n}\,\sum_1^n \sqrt{a^2 + 2x_1} = a + \frac{h}{2a} - \frac{h^2}{6a^3} + \frac{h^3}{8a^5} - \frac{5h^4}{40a^7} + \ldots$$

Wie man sich leicht überzeugen kann, ist:

$$a + \frac{h}{2a} - \frac{h^2}{6a^3} + \frac{h^3}{8a^5} - \frac{5h^4}{40a^7} = \frac{(a^2 + 2h)\sqrt{a^2 + 2h} - a^3}{3h},$$

und somit:

$$us = \frac{1}{3}\left\{(p + 2h)\sqrt{p\,(p + 2h)} - p^2\right\} \text{ oder:}$$

$$us = \frac{r}{12h^2}\left\{(r^2 + 4h)\sqrt{\frac{r^2 + 4h^2}{2h}} - r^3\right\}$$

und für das Rotationsparaboloid:

$$M = \frac{2}{3}\,\pi\left\{(p + 2h)\sqrt{p\,(p + 2h)} - p^2\right\}.$$

Anhang.

I. Das Pyramidenproblem.

Lehrsatz 1. Rechtwinklige Parallelflächner gleicher Grundfläche und Höhe sind raumgleich.

Beweis. Man stelle zur Vergleichung zwei solche Parallelflächner mit einer gleichen Höhenkante so aneinander, dass die Grundflächen Ergänzungsparallelogramme sind, z. B., Fig. 34, $ABCD$ und $AEFG$. Es können dann an jeden der beiden Parallelflächner zwei dreiseitige gerade Prismen derselben Höhe angesetzt werden, welche den anderen bezüglich kongruent sind und jeden der beiden Parallelflächner zu einem dreiseitigen geraden Prisma ergänzen, das dem anderen kongruent ist. Die Grundflächen dieser Prismen sind aus der Figur zu ersehen.

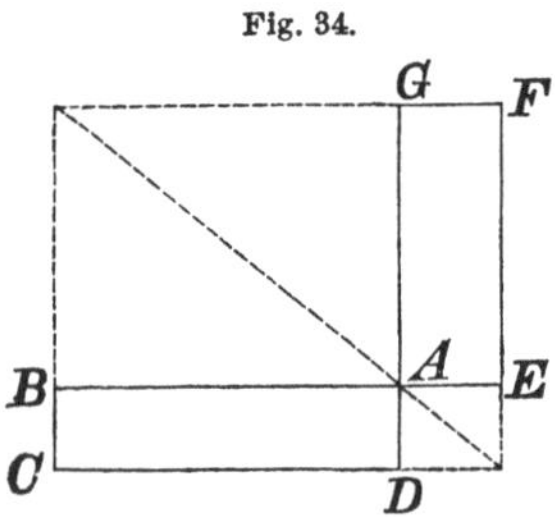

Fig. 34.

Lehrsatz 2. Ein schiefes Prisma ist einem geraden raumgleich, dessen Grundfläche der Normalschnitt und dessen Höhe eine Seitenkante des schiefen ist.

Beweis. Ein Normalschnitt, welcher keine der Grundflächen des schiefen Prismas schneidet, teilt dieses in zwei Teile, die zu einem geraden zusammengesetzt werden können, wenn die schiefen Grundflächen an einander gefügt werden. Ist ein Normalschnitt, welcher keine der Grundflächen schneidet, zu führen nicht möglich, so vervielfältige man das schiefe Prisma und setze es so oft (n mal) mit den Grundflächen an einander, bis der erste Fall vorliegt. Man hat dann für das n-fache schiefe Prisma ein gerades, dessen Höhe die n-fache Seitenkante des gegebenen ist. Wird nun das gerade Prisma durch Parallelschnitte in n kongruente Teile zerlegt, so ist jeder Teil gleich dem vorgelegten schiefen Prisma.

Folgerung. Jeder Parallelflächner wird durch eine Diagonalebene in zwei raumgleiche dreiseitige Prismen zerlegt.

Lehrsatz 3. Jeder Parallelflächner ist einem rechtwinkligen gleicher Grundfläche und Höhe raumgleich.

Beweis. Man betrachte zwei parallele Grundkanten als Seitenkanten, lege durch sie einen Normalschnitt und verwandle den schiefen Parallelflächner nach Lehrs. 2 in einen solchen gleicher Grundfläche und Höhe, dessen Grundflächen jetzt Rechtecke sind. Ist er noch nicht gerade, so nehme man die beiden neuen Grundkanten als Seitenkanten und wiederhole die Konstruktion.

Folgerung. Parallelflächner gleicher Grundfläche und Höhe sind raumgleich.

Sie können in gerade verwandelt werden, welche nach Lehrs. 1 raumgleich sind.

Zusatz 1. Dreiseitige Prismen gleicher Grundfläche und Höhe sind raumgleich.

Sie können nach Lehrs. 2, Folg. als Hälften von Parallelflächnern dargestellt werden, welche nach Lehrs. 3, Folg. raumgleich sind.

Zusatz 2. Prismen gleicher Grundfläche und Höhe sind raumgleich.

Beweis. Wie man die Grundflächen durch Abschneiden und Ansetzen flächengleicher Dreiecke in Dreiecke verwandeln kann, so kann man auch die Prismen, durch Abschneiden und Ansetzen dreiseitiger Prismen, welche nach Zus. 1 raumgleich sind, in dreiseitige verwandeln, die dann ebenfalls nach Zus. 1 raumgleich sind.

Lehrsatz 4. Schiefabgeschnittene Parallelflächner auf derselben Grundfläche sind raumgleich, wenn ihre Deckflächen eine gemeinsame Mittelparallele haben. Vergl. § 17, Lehrs. 4.

Beweis. Die beiden nicht gemeinsamen Teile sind dreiseitige Prismen, welche nach Lehrs. 2 raumgleich sind, weil sie eine gemeinsame Seitenkante (die Mittelparallele) und kongruente Normalschnitte haben.

Erklärung 1. Die Höhe des Mittelpunktes der Deckfläche eines schiefabgeschnittenen Parallelflächners über der Grundfläche heisst seine Höhe. Vergl. § 17, Erkl. 1.

Lehrsatz 5. Ein schiefabgeschnittener Parallelflächner ist einem vollständigen gleicher Grundfläche und Höhe raumgleich.

Beweis. Man drehe*) die Deckfläche des schiefabgeschnittenen Parallelflächners um die eine ihrer Mittelparallelen, bis die andere der Grundfläche parallel ist, und dann um

---

*) Ebenso zu verstehen wie § 17, Lehrs. 5, Beweis.

diese Mittelparallele, bis die Deckfläche selbst der Grundfläche parallel ist. Der Rauminhalt des schiefabgeschnittenen
Parallelflächners hat sich hierbei nicht geändert.

Folgerung. (Schiefabgeschnittene) Parallelflächner gleicher
Grundfläche und Höhe sind raumgleich.

Lehrsatz 6. Ein schiefabgeschnittener Parallelflächner,
dessen eine Deckflächendiagonale der Grundfläche parallel ist,
wird von einer durch die andere Deckflächendiagonale gelegten Diagonalebene in zwei raumgleiche, schiefabgeschnittene,
dreiseitige Prismen geteilt.

Voraussetzung. Unter dem Parallelogramm $ABCD$
als Deckfläche, Fig. 35, stehe ein schiefabgeschnittener Parallelflächner, so dass die Diagonale BD der Grundfläche parallel ist, und A höher über dieser liegt als C. Eine Diagonalebene durch AC teilt den Körper in 2 dreiseitige schiefabgeschnittene Prismen, die bezüglich unter dem Dreieck ABC
und Dreieck ADC stehen.

Beweis. Zur Vergleichung der beiden Prismen lege man
durch C einen Parallelschnitt und schneide von ihnen die
beiden vollständigen Prismen ab, welche nach Zus. 1 raumgleich sind. Von den Resten möge der unter $\triangle ABC$ mit A,

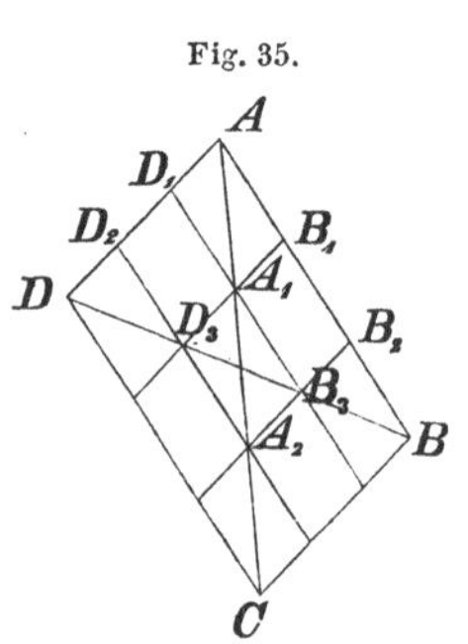

der unter $\triangle ADC$ stehende mit B bezeichnet werden. Man teile ferner die
eine Deckkante AB in n gleiche Teile, wo
n eine beliebige ganze Zahl ist (in Fig. 35
ist $n = 3$) und ebenso AD, und ziehe
durch die Teilpunkte Parallelen zu den
Deckkanten. Hierdurch wird die Deckfläche $ABCD$ in n^2 Parallelogramme geteilt, und, wenn diese Teilungslinien in
der Richtung der Seitenkanten auf die
Grundfläche projiziert werden, so teilen
die projizierenden Ebenen den Körper
$(A + B)$ in n^2 Teile, welche schiefabgeschnittene Parallelflächner sind. Dieje-
nigen von diesen, welche ganz entweder unter $\triangle ABC$ oder
oder $\triangle ADC$ stehen, sind paarweise kongruent, z. B. die mit
den Deckflächen $A_1B_1B_2B_3$ und $A_1D_1D_2D_3$. Beseitigt man
sie, so bleiben zur Vergleichung der beiden Körper A und B
auf jeder Seite n dreiseitige schiefabgeschnittene Prismen,
deren Deckflächen z. B. $\triangle AB_1A_1$ und $\triangle AD_1A_1$ sind.
Werden diese paarweis mit einander verglichen, so kann man
mittels Parallelschnitte durch A_1, A_2, A_3 u. s. w. von ihnen
vollständige Prismen abschneiden, die nach Zus. 1 raumgleich
sind. Mithin bleiben auf jeder Seite zurück n Körper, welche

unter sich kongruent und bezüglich A oder B ähnlich sind. Wenn man nun die einzelnen mit A_1 bezüglich B_1 bezeichnet, so kann man:

$$(1) \qquad \begin{aligned} A &= S + nA_1 \\ B &= S + nB_1 \end{aligned}$$

setzen, wenn S die halbe Summe jener abgeschnittenen, paarweise raumgleichen Körper ist.

Die beiden Körper A_1 und B_1 bilden nun zusammen einen schiefabgeschnittenen Parallelflächner, welcher nach Lehrs. 5 ebenso wie der Körper $(A + B)$ in einen vollständigen verwandelt werden kann.

Man hat also, da der erste von diesen n^3 mal in den zweiten hineingesetzt werden kann:

$$(2) \qquad A_1 + B_1 = \frac{A + B}{n^3}.$$

Bezeichnet nun X einen beliebig klein gewählten Körper, und könnte $X + B \gtreqless A$ sein, so hätte man nach (1):

$$X + S + nB_1 \gtreqless S + nA_1, \text{ d. i.}$$
$$X + nB_1 \gtreqless nA_1 \text{ oder:}$$
$$X + 2nB_1 \gtreqless nA_1 + nB_1, \text{ mithin:}$$
$$X < n\,(A_1 + B_1), \text{ oder nach (2):}$$
$$X < \frac{A + B}{n^2}.$$

Dies ist aber unmöglich, da, bei einmal gewähltem X, n stets so gross genommen werden kann, dass $\dfrac{A + B}{n^2} < X$ ist. Es muss also stets $X + B > A$ sein, d. h., sobald der Körper B den geringsten Zuwachs erfährt, wird er grösser als A. Da sich dies ebenso umgekehrt beweisen lässt, so ist ersichtlich, dass A gleich B sein muss.

Folgerung. Zwei dreiseitige schiefabgeschnittene Prismen auf derselben Grundfläche sind raumgleich, wenn ihre Deckflächen eine gemeinsame Transversale haben, die der Grundfläche parallel ist.

Lehrsatz 7. Zwei dreiseitige, schiefabgeschnittene Prismen auf derselben Grundfläche sind raumgleich, wenn ihre Deckflächen eine gemeinsame Transversale haben.

Beweis. Werden die (gemeinschaftlichen) Seitenkanten beider Prismen über die Grundfläche hinaus verlängert, und diese Verlängerungen durch eine Ebene, parallel der gemeinsamen Deckflächentransversale, geschnitten, so dass an die beiden Prismen ein drittes dreiseitiges, schiefabgeschnittenes

Prisma — zwischen dieser Schnittfläche und der gemeinsamen Grundfläche — angesetzt wird, dann sind nach vorstehender Folgerung die beiden gegebenen Prismen, jedes vermehrt durch dieses angesetzte Stück, einander gleich, mithin auch ohne diesen Zuwachs.

Anmerkung. Hier würde § 17, Lehrs. 5 folgen. Um § 17, Lehrs. 2 zu beweisen, betrachte man die Schichten des Körpers als Prismatoide.

II.*) Der Eulersche Satz und die regelmässigen Polyeder.

Lehrsatz 1. Die Seitensumme der Ecken eines ebenflächigen Körpers ist $(E-2)\,4\mathrm{R}$, wenn E die Anzahl der Ecken desselben bezeichnet.

Beweis. Ist die Projektion des Körpers auf eine beliebige Ebene ein P-Eck, bildet also sowohl die positive wie die negative Projektion ein solches, so wird die Seitensumme**) dargestellt durch die doppelte Summe der Winkel des P-Ecks, vermehrt um die Summe der Winkel um die übrigen***) $(E-P)$ Eckpunkte, d. i.

$$2(P-2)\,2\mathrm{R} + (E-P)\,4\mathrm{R} = (E-2)\,4\mathrm{R}.$$

Lehrsatz 2. Die Seitensumme der Ecken eines ebenflächigen Körpers ist $(K-F)\,4\mathrm{R}$, wenn K die Anzahl der Kanten und F die Anzahl der Flächen desselben bezeichnet.

Beweis. Die Seitensumme ist zusammengesetzt aus der Winkelsumme der F Vielecke, welche die Seitenflächen des Körpers sind. Werden diese F Winkelsummen nach der Formel $(n-2)\,2R$ gebildet und summiert, so erhält man:

$$\Sigma(n-2)\,2\mathrm{R} = (\Sigma n)\,2\mathrm{R} - \Sigma 4\mathrm{R} = 2K\,2\mathrm{R} - F\,4R = (K-F)\,4\mathrm{R}.$$

Zusatz. (Eulerscher Satz.) Für jedes Polyeder ist:

$$E + F = K + 2.$$

Nach obigen beiden Sätzen ist:

$$(E-2)\,4\mathrm{R} = (K-F)\,4\mathrm{R}.$$

Erklärung. Ein regelmässiges Polyeder wird von kon-

---

*) Hier sind im allgemeinen konvexe Körper gemeint.

**) Man beachte, dass die Winkelsumme der Projektion eines n-Ecks ebenfalls $(n-2)\,2\mathrm{R}$ beträgt, denn für den Fall, dass die Projektion eine Gerade ist, sind zwei Winkel Null, jeder der übrigen ein gestreckter.

***) Fallen zwei von diesen Punkten in einen zusammen, so ist dieser doppelt zu zählen, da er sowohl in der positiven, wie in der negativen Projektion liegt.

gruenten regelmässigen Vielecken, welche in kongruenten Ecken zusammenstossen, begrenzt.

Lehrsatz 3. Es giebt nur fünf regelmässige Polyeder.

Beweis 1. Ist ein Körper derart regelmässig, dass an jeder Ecke k Kanten zusammenstossen und jede der F Seitenflächen n Ecken hat, so ist:

$$K = \frac{nF}{2}, \ Ek = 2k = nF,$$

mithin nach dem Zusatz:

$$\frac{nF}{k} + F = \frac{nF}{2} + 2 \ \text{oder} \ F = \frac{4k}{2n + 2k - nk}.$$

Da dieser Ausdruck für F eine positive, endliche und ganze Zahl geben muss, so kann n nicht grösser als 5 sein, weil $k \geq 3$ ist; da ferner $n \geq 3$, so sind nur folgende fünf Fälle möglich:

a) $n = 3$; $F = \frac{4k}{6-k}$, mithin $k = 3$ oder 4 oder 5, d. i.

1) $n = 3$, $k = 3$, $F = 4$. Vierflächner oder Tetraeder.

2) $n = 3$, $k = 4$, $F = 8$. Achtflächner oder Oktaeder.

3) $n = 3$, $k = 5$, $F = 20$. Zwanzigflächner oder Ikosaeder.

b) $n = 4$; $F = \frac{4k}{8 - 2k}$, mithin nur $k = 3$, d. i.

4) $n = 4$, $k = 3$, $F = 6$. Sechsflächner oder Hexaeder (Würfel).

c) $n = 5$; $F = \frac{4k}{10 - 3k}$, mithin nur $k = 3$, d. i.

5) $n = 5$, $k = 3$, $F = 12$. Zwölfflächner oder Dodekaeder.

Beweis 2. Aus 3 regelmässigen Vielecken, welche mehr als 5 Seiten, aus mehr als 3 regelmässigen Vier- oder Fünfecken, aus mehr als 5 regelmässigen Dreiecken lässt sich eine konvexe Ecke nicht bilden. § 15, Lehrs. 2.

Lehrsatz 4. Um jeden regelmässigen Körper und in jeden kann eine Kugel beschrieben werden, der gemeinschaftliche Mittelpunkt derselben heisst auch der Mittelpunkt des Körpers.

Aufgabe. Den Rauminhalt I und die Oberfläche O der regelmässigen Körper zu berechnen, wenn die Kante a gegeben ist.

1. Das Tetraeder.

Ist Fig. 36 der Grund- und Aufriss des Tetraeders, so

ist S_1, der Fusspunkt seiner Höhe, der Mittelpunkt des dem gleichseitigen Dreieck ABC eingeschriebenen Kreises, also:

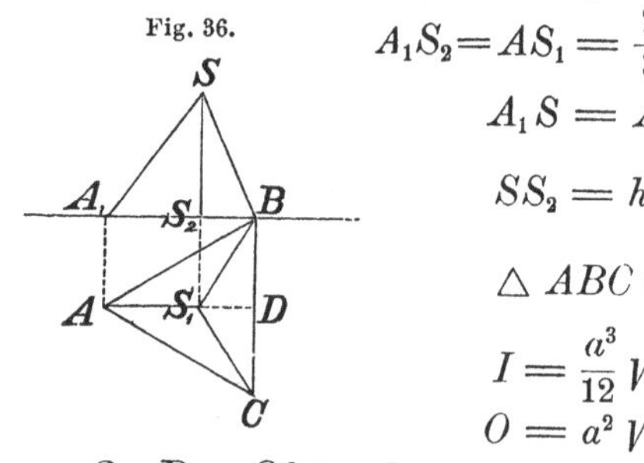

Fig. 36.

$$A_1 S_2 = A S_1 = \frac{2}{3}\, AD = \frac{a}{3}\, \sqrt{3}, \text{ wenn}$$

$$A_1 S = AB = a,$$

$$S S_2 = h = \sqrt{a^2 - \frac{a^2}{3}} = a\,\sqrt{\frac{2}{3}}.$$

$$\triangle ABC = \frac{a^2}{4}\,\sqrt{3}.$$

$$I = \frac{a^3}{12}\,\sqrt{2}.$$

$$O = a^2\,\sqrt{3}.$$

2. Das Oktaeder.

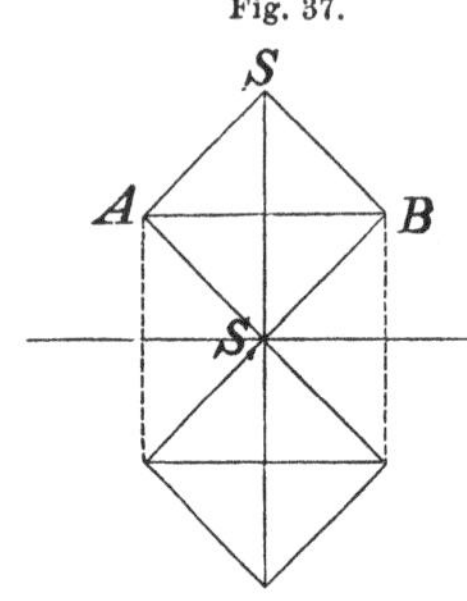

Fig. 37.

Ist Fig. 37 Grund- und Aufriss des Oktaeders, so sind beide Quadrate mit der Seite a, während $SS_1 = 2h$ die Diagonale in demselben ist. — Das Oktaeder lässt sich in zwei Pyramiden, im Aufriss ASB und $AS_1 B$, zerlegen, deren Grundfläche a^2 und deren Höhe

$$h = \frac{a}{2}\,\sqrt{2} \text{ ist. Mithin:}$$

$$I = \frac{a^3}{3}\,\sqrt{2}.$$

$$O = 2\,a^2\,\sqrt{3}.$$

3. Das Ikosaeder.

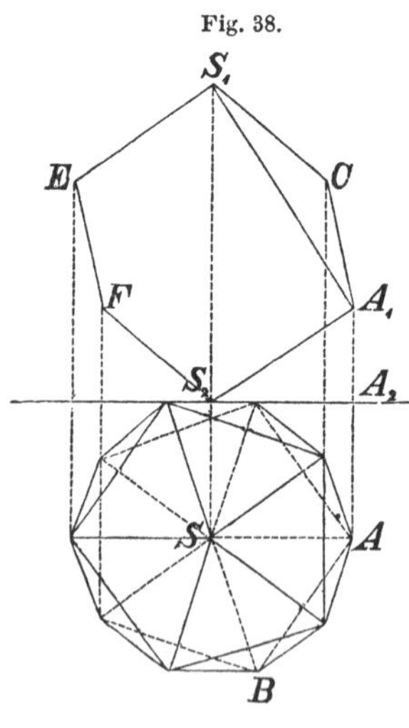

Fig. 38.

Ist Fig. 38 Grund- und Aufriss, so beachte man zur Konstruktion des letzteren, dass $A_1 A_2 S_2$ ein rechtwinkliges Dreieck ist, in welchem $S_2 A_1 = AB = a$, $A_2 S_2$ gleich dem Radius (r) des Kreises, welcher dem regelmässigen Fünfeck mit der Seite a umschrieben ist, ferner, dass $S_2 A_1 S_1$ ebenfalls ein rechtwinkliges Dreieck und einem grössten Kugelkreise mit dem Durchmesser $S_2 S_1$ eingeschrieben ist. Hiernach ist, wenn $S_2 S_1 = 2h$, $A_2 A_1 = h_1$,

$$h_1^2 = a^2 - r^2, \quad r^2 = \frac{a^2}{10}\,(5 + \sqrt{5}),$$

$$h_1 = a\,\sqrt{\frac{5 - \sqrt{5}}{10}}, \text{ ferner } 2hh_1 = a^2$$

$$\text{d. i. } 2h = \frac{a}{2}\,\sqrt{10 + 2\sqrt{5}}.$$

Man zerlege das Ikosaeder in zwei Pyramiden, ein Aufriss ES_1C und FS_2A_1, deren Grundfläche ein regelmässiges Fünfeck mit der Seite a (dem Flächeninhalte F_5), wie der Grundriss zeigt, und deren Höhe h_1 ist — und ein Prismatoid mit F_5 als Grund- und Deckfläche und der Höhe $2\,(h-h_1)$. Für dieses ist § 21, Folg. 4b, $D+O=F_{10}$, wenn dies der Flächeninhalt des regelmässigen Zehnecks in demselben Kreise wie F_5 ist, also $I=\frac{2}{3}\,(h-h_1)\,(2\,F_5+F_{10})$, mithin für das Ikosaeder:

$$I=\frac{2}{3}\,F_5\,h_1+\frac{2}{3}\,(h-h_1)\,(2\,F_5+F_{10}).$$

Es ist aber $F_{10}=\dfrac{r}{\varrho}\,F_5$, wenn r der grosse, ϱ der kleine

Radius von F_5, also $\dfrac{r}{\varrho}=-1+\sqrt{5}$ ist.

Dann wird:

$$I=\frac{2}{3}\,F_5\,\big(h\,[1+\sqrt{5}]-h_1\,\sqrt{5}\big)$$

und nach Einsetzung der Werte von h und h_1:

$$I=\frac{2a}{3}\,F_5\left(\sqrt{5+2\sqrt{5}}-\sqrt{\frac{5-2\sqrt{5}}{2}}\right)\ \text{und, da}$$

$$F_5=\frac{a^2}{4}\,\sqrt{25+10\sqrt{5}},$$

$$I=\frac{5}{6}\,a^3\left(\sqrt{9+4\sqrt{5}}-\sqrt{\frac{3+\sqrt{5}}{2}}\right)\ \text{oder:}$$

$$I=\frac{5}{12}\,a^3\,(3+\sqrt{5}).$$

$$O=5\,a^2\,\sqrt{3}.$$

4. Das Hexaeder.

Für den Würfel mit der Kante a ist:
$$I=a^3$$
$$O=6\,a^2.$$

5. Das Dodekaeder.

Ist Fig. 39 Grund- und Aufriss eines Dodekaeders, dessen Seite ein Fünfeck mit dem Flächeninhalt F_5, dem grossen Radius r und dem kleinen ϱ ist, so sei $G_2I_1=2h$.

Man beachte, dass DE gleich der Diagonale LN in E_5 ist, also stetig geteilt, a als grösseren Abschnitt hat, und, da $\dfrac{DE}{AB}=\dfrac{MD}{MB}$, auch MD in B stetig geteilt ist, mithin, da $\angle\,CMD=\dfrac{2}{5}\,\mathrm{R}$, $CD=r$, und BD oder $KC=KB=s_{10}$;

Fig. 39.

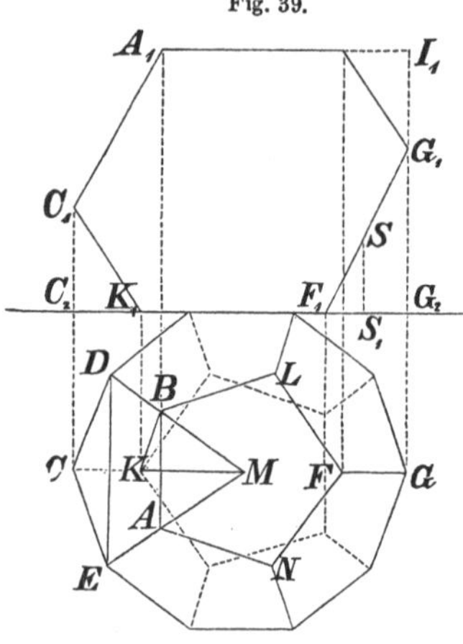

ferner $MC = 2\varrho$, da $CB = MB$,

und $\dfrac{MC}{MK} = \dfrac{MK}{KC}$ oder $\dfrac{2\varrho}{r}$

$= \dfrac{r}{2\varrho - r}$ und $\dfrac{r + 2\varrho}{2\varrho} = \dfrac{2\varrho}{r}$.

Im Aufriss ist $K_1 C_1 = s_5$ (oder a), $K_1 C_2 = s_{10}$, folglich $C_1 C_2 = r$ (in jedem Kreise ist $s_5^2 = r^2 + s_{10}^2$). Ferner $FG = F_1 G_2 = \varrho$ und (die Höhe in F_5) $F_1 G_1 = r + \varrho$, also, da $\overline{G_1 G_2}^2 = \overline{F_1 G_1}^2 - \overline{F_1 G_2}^2 = r(r + 2\varrho) = 4\varrho^2$, $G_1 G_2 = 2\varrho$ und $G_2 I_1 = r + 2\varrho$.

In Worten: **Wird die Höhe des Dodekaeders stetig geteilt, so ist der grössere Abschnitt (2ϱ) die Höhe der oberen Ecken, der kleinere (r) die der unteren.**

Wird das Dodekaeder vom Mittelpunkte aus in zwölf kongruente Pyramiden zerlegt, deren Grundfläche F_5 und deren Höhe gleich dem Radius der eingeschriebenen Kugel ist, so ist

$$I = \frac{12}{3}\, h\, F_5.$$

Man hat $F_5 = \dfrac{a^2}{4} \sqrt{25 + 10\sqrt{5}}$,

$$h = \frac{r + 2\varrho}{2} = \frac{r}{8}(1 + \sqrt{5})^2, \quad r = a\sqrt{\frac{5 + \sqrt{5}}{10}} \quad \text{u. s. w.}$$

Es folgt:

$$I = \frac{a^3}{4}(15 + 7\sqrt{5}).$$

$$O = 3\,a^2\sqrt{25 + 10\sqrt{5}}.$$

III. Lehrsatz aus der Planimetrie. Vergl. § 17.

Zwei ebene flächengleiche Figuren können stets so zerlegt werden, dass die Teile der einen denen der anderen bezüglich kongruent sind.

Lehrsatz 1. Parallelogramme gleicher Grundlinie und Höhe sind flächengleich.

Beweis. Sind, Fig. 40, die beiden Parallelogramme $ABCD$ und $A_1 B_1 C_1 D_1$ mit den gleichen Grundlinien AB und $A_1 B_1$ und zwischen denselben Parallelen gegeben, so verlängere man AB mehrfach um sich selbst und ziehe durch jeden Endpunkt

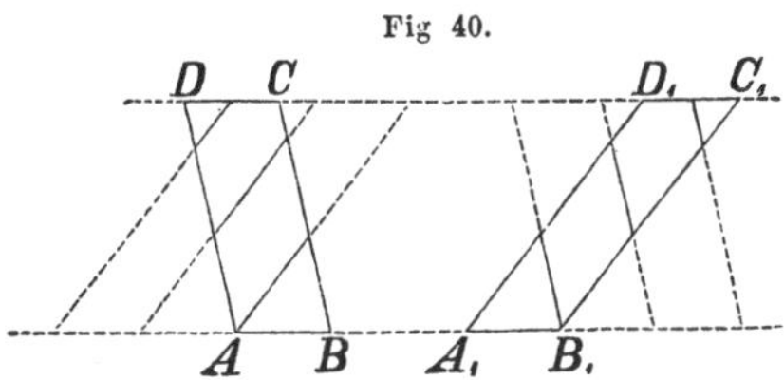

eine Parallele zu $A_1 D_1$. Von diesen Parallelen ziehe man alle, welche $ABCD$ schneiden, und verfahre ebenso mit $A_1 B_1 C_1 D_1$, indem man parallel AD zieht. Die gezogenen Parallelen teilen die beiden Parallelogramme derartig, dass aus den Teilen des einen das andere zusammengesetzt werden kann.

Lehrsatz 2. Dreiecke gleicher Grundlinie und Höhe sind flächengleich.

Beweis. Sind, Fig. 41, die beiden Dreiecke ABC und $A_1 B_1 C_1$ mit den gleichen Grundlinien AB und $A_1 B_1$ und zwischen denselben Parallelen gegeben, so ziehe man in jedem

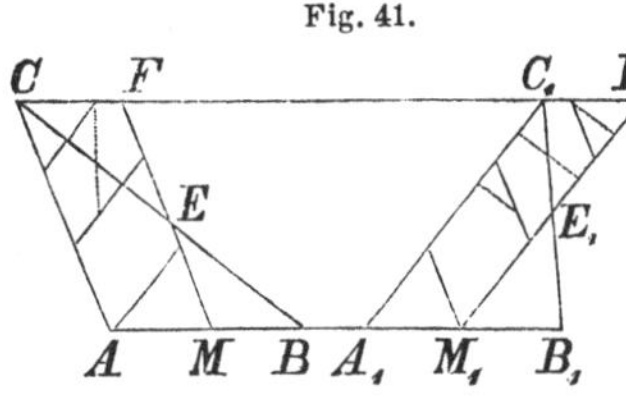

durch die Mitte der Grundlinien M und M_1 eine Parallele zu einer der beiden anderen Seiten. Die hierdurch abgeschnittenen Dreiecke MEB und $M_1 E_1 B_1$ setze man wieder so an, dass die Parallelogramme $AMFC$ und $A_1 M_1 F_1 C_1$ entstehen, und teile diese (Lehrs. 1) in paarweis kongruente Teile. Von den Teilen, in welche $AMFC$ zerlegt ist, werden einige durch CE zerschnitten sein; jeden dieser Schnitte trage man (durch gestrichelte Linien, Fig. 41) in die homologen Teile von $A_1 M_1 F_1 C_1$ ein, so dass die entstandenen Teile wiederum beziehentlich kongruent sind. Ebenso trage man diejenigen Schnitte der Teile von $A_1 M_1 F_1 C_1$, welche durch $C_1 E_1$ entstanden sind, in die homologen Teile von $AMFC$ ein (durch punktierte Linien, Fig. 41). Es ist ersichtlich, dass die homologen Teile der beiden Figuren beziehentlich kongruent sind, und dass, wenn die Dreiecke CEF und $C_1 E_1 F_1$ wiederum an ihre ursprüngliche Stelle gelegt werden, aus den Teilen des einen Dreiecks das andere zusammengesetzt werden kann.

Lehrsatz 3. Ein n-Eck kann in solche Teile zerlegt werden, dass aus ihnen ein $(n-1)$-Eck zusammengesetzt werden kann.

Lehrsatz 4. Ein n-Eck kann in solche Teile zerlegt werden, dass aus ihnen ein Dreieck zusammengesetzt werden kann.

Lehrsatz 5. Ein Dreieck kann in solche Teile zerlegt werden, dass aus ihnen ein anderes mit gegebener Grundlinie zusammengesetzt werden kann.

Lehrsatz 6. Zwei flächengleiche Figuren können stets so

zerlegt werden, dass aus den Teilen der einen die andere zusammengesetzt werden kann.

Beweis. Man verwandle jede der beiden Figuren nach Lehrs. 3 und 4 in ein Dreieck und das eine von beiden in ein solches mit der Grundlinie des andern. Da beide Dreiecke flächengleich sind, haben sie jetzt gleiche Höhe und können nach Lehrs. 2 behandelt werden. Ist dies geschehen und jede Linie, welche durch die ausgeführten Verwandlungen in einem Teile des einen Dreiecks gezogen ist, in den homologen des anderen eingetragen, so sind beide Dreiecke in solche Teile geteilt, dass nicht nur aus den Teilen des einen das andere, sondern auch jede der beiden ursprünglich gegebenen Figuren zusammengesetzt werden kann.

IV. Lehnsatz aus der Algebra.

Die Summe $\dfrac{1}{n^{x+1}} \sum\limits_{1}^{n} v^x$, wo die untere Grenze auch Null sein kann, ist für jedes gegebene x, wenn n über alle Grenzen wächst, folgendermassen zu ermitteln.

Es ist:

$$\frac{1}{n^2} \sum_{1}^{n} v^2 = - \frac{(1+n)^2}{n^2} + \frac{1}{n^2} \sum_{0}^{n} (1+v)^2 = - \frac{(1+n)^2}{n^2}$$
$$+ \frac{1}{n^2} \sum_{0}^{n} 1 + \frac{2}{n^2} \sum_{0}^{n} v + \frac{1}{n^2} \sum_{0}^{n} v^2,$$

woraus, wenn $n = \infty$, also $\dfrac{1}{n}$ und $\dfrac{1}{n^2}$ gleich Null gesetzt wird, folgt:

$$\frac{1}{n^2} \sum_{0}^{n} v = \frac{1}{2}.$$

Es ist ferner:

$$\frac{1}{n^3} \sum_{0}^{n} v^3 = - \frac{(1+n)^3}{n^3} + \frac{1}{n^3} \sum_{0}^{n} (1+v)^3 = - \frac{(1+n)^3}{n^3}$$
$$+ \frac{1}{n^3} \sum_{0}^{n} 1 + \frac{3}{n^3} \sum_{0}^{n} v^2 + \frac{3}{n^3} \sum_{0}^{n} v + \frac{1}{n^3} \sum_{0}^{n} v^3,$$

und wiederum, wenn $n = \infty$,

$$\frac{1}{n^3} \sum_{0}^{n} v^2 = \frac{1}{3}.$$

Man erkennt leicht, dass man in dieser Weise fortfahrend:

$$\frac{1}{n^4} \sum_{0}^{n} v^3 = \frac{1}{4}, \qquad \frac{1}{n^5} \sum_{0}^{n} v^4 = \frac{1}{5}, \qquad \frac{1}{n^6} \sum_{0}^{n} v^5 = \frac{1}{6} \quad \text{u. s. w.}$$

finden wird.